부모와 아이가 함께 성공하는
미래교육 전략

부모와 아이가 함께

성공하는 미래교육 전교육

이정규 지음

자음과모음

프롤로그

"코로나 사태, 4차 산업혁명, 인공지능시대….".
"우리가 학교 다닐 때와 달라도 너무 달라요."
"학교도 사회도 왜 이리 정신없이 변하죠?"
"아이의 장래를 위해서 뭘 해줘야 할까요?"
"정말 부모 노릇 하기 벅차요!"
"학교와 학원의 교육관이 너무 달라요."
"듣는 이야기와 정보가 너무 많아 더 헷갈려요."
"아이들을 이해하기 어려울 때가 많아요. 우리 때와 많이 달라요."

과거에 비해 참 풍요로운 요즘이다. 그런데 왜 많은 부모가 미래에 대해 불안해하고, 아이 교육에 대한 걱정은 날로 커지는 걸까? 그 이유는 부모들이 살아왔던 시대와 아이들이 살아갈 시대가 다르고, 세상은 예측 불가능할 정도로 빠르게 변하기 때문이다. 빠르게 변하는 아이들과 학교, 교육 제도와 미래 사회에 대해 잘 모르기 때문에 더욱 걱정이 되는 것이다. 미래에 대한 불확실성이 커졌기 때문이고, 불확실성에 대응할 수 없는 우리의 불확실성 또한 커졌기 때문이다.

그러나 삶의 중요한 원칙은 목표와 방향을 제대로 알지 못한 채 무조건 달려가는 '속도'가 아니라, 올바른 '방향'을 잘 알고 가는 것이다. 돌이켜보면 1, 2, 3차 산업혁명시대에도 매번 새로운 딜레마가 등장했고 우리는 이를 어려워했지만 어떤 방향으로든 해결해왔다. 이제 4차 산업혁명시대에 맞게 적응하고 아이의 미래를 준비해야 할 때이다.

우리나라 사람들이 가장 많이 사용하는 앱 가운데 하나인 유튜브(YouTube)를 살펴보면, 미국의 주요 방송국들이 지난 10년 동안 만든 방송 콘텐츠 양보다 더 많은 양이 단 하루 만에 업로드되고 있다. 또한 아이들이 희망하는 직업을 꼽으면 다섯 손가락 안에 유튜버가 있을 정도다. 인터넷에 정보가 없어서 힘든 세상이 아니라, 넘치도록 난무하는 정보 가운데 진짜와 가짜를 구분하여 내게 필요하고 유익한 정보를 선택하는 일이 더 힘들고 중요해진 시대가 되었다.

이제는 교실에서 선생님이 가르쳐준 대로 공부하고 외웠던 지식으로 문제를 풀던 수준을 뛰어넘어, 인공지능(AI)과 함께하는 시대가 되었다. 인공지능도 과거 인간이 컴퓨터나 로봇에 작업 순서를 프로그래밍하면 그 순서대로 작동하는 단계를 넘어선 지 오래다. 자신이 처한 환경을 합리적으로 판단하고 추론하고 결정하는 인간의 지능을 컴퓨터로 구현하는 것이 가능해졌다.

초연결된 인공지능이 정보를 실시간으로 공유하며 자기학습을 하고 스스로 프로그래밍까지 하는 시대, 즉 인공지능이 인간의 지능을 뛰어넘을지도 모른다는 '인공지능의 특이점 시대'가 도래한 것이다.

3차 산업혁명시대에 살았던 우리는 학교에서 배우고 익힌 지식과 기능만으로도 평생을 살아가는 데 충분했던 '지식정보화 사회'에서 배우고 살아왔다. 그러나 지금은 생각지도 못했던 신종 코로나바이러스, 유전자조작(2018년 11월 유전자조작 쌍둥이 인간이 중국에서 탄생), 빅데이터, 인공지능, 사물인터넷(Internet of Things, IoT), 기후변화, 공유경제, 로봇과의 공존 윤리 등의 문제를 해결해야 한다.

최근 OECD와 세계경제포럼 등에서는 새로운 인류의 딜레마를 해결할 수 있는 인간 고유의 혁신역량으로 창의력, 융합력, 자기주도력, 공감협업력을 공통적으로 꼽고 있다. 우리는 지금까지 나타난 적이 없던 새로운 미래의 딜레마를 해결하면서 살아야 할 아이의 미래를 위해, 무엇을 해줘야 할까?

지금까지 늘 그래왔듯이 우리는 난관을 극복해왔고, 미래의 희망과 가능성을 믿으며 살아왔다. 무엇보다 사회 혁신의 주체는 '사람'이기 때문이다. 이세돌과 인공지능 알파고와의 대결에 대해 에릭 슈밋 구글(Google) 회장이 "누가 이기든 인류의 승리가 될 것이다"라고 말했듯, 문명을 혁신시킨 주체는 '사람'이다. 그리고 사람을 혁신하는 가장 좋은 방법은 '교육'이다. 그러므로 우리 아이의 미래를 위해 부모가 해줄 수 있는 가장 큰 선물은 '교육'이며, 그중에서도 미래 사회를 살아갈 '혁신역량'을 잘 알고 키워주어야 한다.

여기서 생각해봐야 할 중요한 이슈가 있다.

4차 산업혁명을 선언한 세계경제포럼에서 발표한 '직업의 미래 보고서'를 주목해야 한다. 다가올 미래에 750만 개의 기존 직업군이 사라지고, 새로운 직업군 250만 개가 창출되는 큰 지각변동이 있을 것이라고 예측하였다. 우리나라 교육도 창의융합형 교육, 과목(사회, 과학)의 통합, 인공지능 활용 교육과 평가 방식 등으로 바뀌고 있다. 이런 소식을 접하면 어제와는 다른 내일이 기대되는 한편, 아이를 위해 또 새로운 것을 준비시켜야 하나, 걱정이 앞서는 것도 사실이다.

우리 아이에게 무엇을 어떻게 가르쳐야 할까? 미래에 갖춰야 할 혁신역량을 학교에서 잘 키워줄까? 또 특별한 학원에 보내야 하나? 부모는 지금처럼 하면 되는가? 아니면 무슨 특별한 비법이라도 있는 것일까? 참으로 난감하고 걱정은 더 많아진다.

아프면 병원에 가야 한다. 병에 대한 정확한 진단을 바탕으로 적절한 치료가 이루어져야 하듯이, 문제를 잘 해결하려면 먼저 문제가 무엇인지 정확히 파악해야 한다. 그래야 제대로 방향을 잡고 문제를 해결할 수 있는 것이다. 그 여정의 길잡이가 되어줄 이 책의 구성은 다음과 같다.

1장에서는 우리가 살아왔던 시대와 달라진 부모와 아이와의 관계, 학교교육이 어떻게 변화하고 있는지, 나아가 미래 사회가 어떻게 혁신적으로 변화될 것인지에 대해 최신 동향을 살펴본다. 이를 바탕으로 왜 교육은 속도보다 제대로 된 방향을 찾는 것이 먼저인지 확인해본다.

2장은 미래 사회의 리더가 될 아이에게 꼭 필요한 성공조건으로 OECD와 세계경제포럼 등에서 언급한 '미래 사회의 혁신역량'이 무엇인지를 알아본다. 그리고 미래의 직업 보고서를 분석해보고, 새로 등장한 세계적 부자와 노벨상 수상자 등 성공한 사람의 특성을 통해 혁신역량을 살펴본다. 공통적으로 뽑은 혁신역량을 알아야 미래를 살아갈 우리 아이가 성공할 수 있는 조건을 제대로 찾을 수 있다.

3장은 부모와 함께하는 아이의 혁신역량 키워주기다. 우리 아이의 잠재된 원석과 같은 '혁신역량'을 빛나는 보석으로 잘 바꿔줄 다양하고 실천 가능한 방법을 하나씩 실천해간다면 작은 변화가 시작될 것이고, 작은 변화와 성공 경험이 쌓여 미래의 인재로 성장하는 큰 에너지원이 될 것이다.

이제 남의 이야기만 듣고 있을 때가 아니다. 미래를 선택하고 결정해야 한다. 소중한 우리 아이의 미래를 위해 '시간이 없다'거나 '교육을 잘 모른다'고 해서 학교와 학원에만 맡겨둘 수는 없다. 부모와 함께 미래 사회가 필요로 하는 아이의 '혁신역량'을 어떻게 교육하고 실천하느냐에 따라 아이의 미래는 분명 달라질 것이다. 미래를 살아가야 할 아이들의 혁신역량을 잘 알고 교육시키는 데 이 책이 도움이 되기를 바란다.

이 책이 나오기까지 여러모로 격려해주고 도움을 많이 준 자음과모음 출판사 정은영 대표님과 최성휘 차장님과 편집인들께, 그리고 자상한 학부모이자 현명한 선생님으로 교육 현장의 생생한 목소리를 고스란히 전해준 이수진 선생님께 깊은 감사를 드린다.

한국영재교육학회

회장 이정규

1장

자녀를 위한 교육,
속도보다 방향 제대로 찾기

부모와 아이가 함께
성공하는 미래교육 전략

지금 필요한 것은
걱정이 아닌 준비

"단 한 번도 겪어보지 못한 신종 바이러스로 세상 살기가 불안해요."
"예전에는 잘 살 수 있다는 희망이 있었는데, 점점 더 절망적이에요."
"TV 보기가 힘들 정도로 세상이 안 좋은 방향으로 변하는 것 같아요."
"로봇이 인간의 일자리를 대신하고 양극화가 심해지면 어떡하죠?"
"큰 변화가 금방 닥칠 것 같은데 학교와 학원만 보내면 될까요?"
"상황이 자꾸 바뀌어서, 어떻게 대처해야 할지 잘 모르겠어요."

우리는 지금까지 겪어보지 못했던 불확실성을 딛고 미래로 나아
가야 할 운명에 놓였다. 미래의 불확실성에 대처하기 위해서는, 먼

저 변화의 동향을 정확히 진단할 필요가 있다. 그리고 미래에 필요한 혁신역량이 무엇인지를 잘 알고 준비하여 한 걸음씩 나아가야 한다. 인간은 본래 현재보다 더 나은 긍정적인 방향으로 발전과 진보를 끊임없이 추구하는 존재이기 때문이다.

현재를 이해하고 미래를 예측하는 데는 역사가 큰 도움이 된다. 약 46억 년 전에 지구가 생성되었고, 지구가 거의 완성이 되어가던 시점인 B.C. 300만 년에 인류가 출현하였다. 그리고 초기 인류가 수렵 채집의 석기시대와 농경시대를 거쳐 5세기에 중세 대변혁의 시대를 맞았다. 중세 암흑기를 전환시킨 역사적인 사건은 14세기 유럽에서 약 2억 명의 목숨을 앗아간 흑사병 대참사였다.

돌이켜보면 흑사병의 대참사는 인류 문명에 대변혁을 가져왔다. 대규모의 사망으로 노동력이 절대적으로 부족하게 된 것이 그 계기였다. 노동자들이 봉건제하에서 상업을 통해 부를 축적하기 시작했고 신분상 강력한 지위를 얻게 된 것이다. 그로 인해 대변혁은 사회체제를 근본적으로 흔들었고 천 년간 유지되었던 신념과 사회체제에도 광범위한 변화를 가져왔다. 이는 '우리에게 일어나는 문제에 대해 우리 스스로 책임이 있다'는 인본주의 철학이 등장하게 된 배경이 되었다.

1999년 『타임』지는 21세기를 예측하면서 노벨상 수상자들이 선정한 인류 문명의 최고 발명품으로 '구텐베르크의 인쇄기'를 꼽았다. 인쇄기의 발명은 중세 천 년의 암흑기를 거두어내고, 성경을 포함한 책이 인쇄되고 대중에게 보급될 수 있도록 하여 대중의 지식 혁명을 가져왔다. 문자의 보급으로 그동안 일부 영주나 성직자만이 독점하고 자의적으로 해석했던 지식이 대중에게 전해졌고, 이로 인해 14세기 르네상스와 종교개혁, 18세기 프랑스 대혁명의 사회체제를 개혁하는 데 큰 역할을 하였다.

지금은 4차 산업혁명의 시대다. 지금으로부터 불과 300여 년 전에 일어났던 지난 1, 2, 3차 산업혁명의 시대를 돌이켜보면 매번 새롭게 기존 체제의 파괴와 개혁, 도전과 응전이 있어왔다. 인간의 힘에서 가축의 힘을 원동력으로 사용하다가 증기기관을 발명하면서부터 1차 산업혁명이 시작되어 2, 3차 산업혁명의 시대를 거쳐 오늘날 인공지능시대인 4차 산업혁명의 시대가 되었다. 또다시 새로운 딜레마와 문제가 나타날 테지만 우리는 영화 〈인터스텔라〉의 대사처럼 '늘 그랬듯이… 답을 찾을 것'을 기대한다.

정치, 사회, 문화, 과학 등 어떤 분야든 변화가 축적되어 그 변화가 최고조에 이르면 혁명의 시대가 온다. 혁명이란 영어로 'Revolution'인데 돌고 돈다는 의미가 있다. 흑사병, 대변혁, 지식 혁명, 인쇄기, 산업혁명 등이 등장하는 인류 역사를 살펴보면, 늘 도전과 응전의 역사였다. 인류는 그때마다 새롭게 등장하는 딜레마와 문제를 어떠한 방식으로든 해결하려 했다.

변화에 대해 부정적으로만 바라볼 필요는 없다. 다윈의 적자생존(適者生存)에 따르면 강한 자가 살아남는 것이 아니라 적응하여 살아남는 자가 강한 자라고 하였다. 우리 아이가 미래에 잘 적응할 수 있도록 부모가 해줄 수 있는 강력한 수단은 '교육'이다.

따라서 중요한 교육을 학교와 학원에만 맡겨서는 안 된다. 교육은 단지 지식과 기술을 배우는 것만을 의미하지 않는다. 아이가 세상을 살아가며 배워야 하는 모든 것이 다 교육이기 때문이다. 평생 아이의 인지발달을 연구한 심리학자 장 피아제는 "아이들은 교사를 통해 지식뿐만 아니라 교사들의 가르치는 열정에서 세상 사는 태도와 방식을 배운다"고 하였다.

부모의 능력보다 삶의 태도가 자녀에게 더 잘 유전된다는 점도 간과할 수 없다. 애플의 스티브 잡스도, 마이크로소프트의 빌 게이츠도 교육만큼은 아이와 함께 대화하고 생각하며 스스로 선택하고 결정할 수 있도록 돕고 자신부터 솔선수범하는 방식을 실천하려고 노력하였다. 미국 명문 대학에 세 자녀를 보낸 우리나라의 어떤 어머니는 아이가 집 안 어디에서든 읽고 공부하고 생각할 수 있도록 책을 곳곳에 놓아두고 부모가 먼저 책 읽는 모습을 보였다고 한다. 그리고 아이들이 자기주도적인 학습으로 스스로 목표를 세우고 공부하는 습관부터 길러주는 게 중요하다고 하였다. 지금 우리가 할 일은 미래를 걱정할 게 아니라 아이가 잘 적응할 수 있도록 준비하는 것이다.

아이가 공부하는
진짜 이유

부모들이 살아온 시간을 돌이켜보자. 오늘도 어제 같았고 내일도 오늘처럼 비슷한 날이라고 생각하면서, 하루하루 큰 변화 없이 살아왔다. 초등학교부터 고등학교까지 때가 되면 상급 학교로 진학했고, 열심히 공부해서 대학을 졸업하고 직장에 다녔다. 이전 부모 세대처럼 적절한 나이에 결혼하여 아이를 낳고 가정을 꾸리며 평범하게 살아도 별문제가 없었다. 이렇다 할 부모 교육은 받은 적 없지만 이전 세대의 과오를 반복하지 않는 방향으로 아이를 길러왔다.

그러나 현대 사회는 이전 부모가 현재 부모인 우리를 키우고 교육할 때와는 판이하게 다르다. 아이가 학교를 다니기 시작하면서 비로소 다른 아이와 비교되고 진학과 진로와 관련하여 선택과 결정을 해야 할 때가 많아진다. 대부분의 부모는 상대적으로 아이의 성적 우열이 잘 나타나지 않는 초등학교 때까지는 자신의 아이가 그저 잘하고 있거나 평범한 아이라고 생각하는 경향이 있다.

그러다 아이를 바라보는 관점은 중학교에서 처음으로 등급 성적표를 보고 나서야 아이의 성적을 알게 된다. 또 절대평가인 중학교와 달리 고등학교에 가서 상대적 등급이 나오면 마음은 더 조급해진다.* 그제야 부랴부랴 아이 성적 수준에 맞는, 아니면 잘 가르친다는 학원부터 알아보고 보낸다. (물론 대부분은 초등학교 때부터 각종 학원에 보내기도 하지만.)

이때부터 아이의 성적을 높이려고 공부 시간, 공부 방법, 방해 요소(스마트폰, 잠, 친구, 게임 등)를 조절하기 시작한다. 아이의 적성과 성적에 맞는 상급 학교로의 진학 등 중요한 교육적 선택이나 결정도 해야 한다. 대부분의 부모는 아이가 잘하고 좋아하는 방향의 진로와 진학을 선택하도록 해주고 싶지만 현실적인 문제를 생각하지 않

---

*   중학교는 절대평가로 A~E등급으로 나뉘며, 고등학교는 절대평가(A~E)와 상대평가(1~9등급)를 모두 실시한다. 중학교 때 A등급을 받은 아이가 20% 남짓이라면, 고등학교에서는 A등급이 다시 1~3등급으로 나뉘는데, 고등학교에서 1등급은 재적수의 4% 정도 된다.

을 수 없다. 우수한 성적으로 좋은 대학에 진학하고 졸업하여, 고액 연봉을 받을 수 있는 직업을 택하고 결혼해서 행복하게 살기를 원한다. 그러려면 아이의 성적을 최우선에 둘 수밖에 없어서 아이가 원하는 꿈이나 적성은 뒤로 밀려나게 되는 현실에 부딪힌다.

이런 사회적 상황과 부모의 바람 때문에 그동안 나도 모르게 오랫동안 학습되고 체득되어온 양육 방식과 교육 방식을 좋든 싫든 따라 하고 아이에게도 강요하고 있는 것을 발견하게 된다. 마치 거울 속 자신의 얼굴에서 이전 세대 부모의 얼굴을 발견하듯이. 게다가 더욱 놀라운 것은 아이를 교육하고 있는 방식이 어렸을 때, "나는 저렇게 하는 거 정말 싫어. 어른이 되면 절대로 저렇게 하지 않겠어!"라고 결심했던 양육 방식이나 교육 방식을 나도 모르게 아이에게 그대로 강요하고 있음을 깨달았을 때이다.

이렇다 보니 우리가 학교 다닐 때와는 너무도 다르게 변해버린 아이들의 생각과 태도에, 학교와 사회 환경의 빠른 변화에 때로는 당황하기도 하고, 아이와의 관계에서 갈등과 혼란을 겪기도 한다. 물론 부모가 겪는 고민과 갈등을 아이도 함께 겪고 있다는 점도 알아야 한다.

"내가 지금 아이를 잘 교육하고 있는 것일까?"
"이렇게 사랑하는 엄마의 마음을 아이가 잘 이해해주겠지?"

"잘하고 좋아하는 것만 하면 좋겠지만 사회생활이 그렇지 만만하지 않아. 너도 어른이 되면 아빠가 왜 이러는지 이해할 거야."

우리는 가고 싶은 대학을 가기 위해 공부만 잘하면 되던 시절을 보냈다. 그러나 지금은 너무나 다르게 변해버린 학교와 수시로 달라지는 교육과정, 복잡한 대학 입시제도와 매년 급변하는 입시 정보가 난무하는 교육 환경에서 아이를 키워야 한다. 이렇게 고민하는 와중에도 아이는 하루하루 자라고 있다.

우리나라의 교육열은 예나 지금이나 큰 변화가 없다. 조금 다른 점이 있다면 모두가 생활고에 힘들었던 과거에는 자식을 잘 교육시켜 집안을 일으켜야 한다는 '입신양명(立身揚名)'이나, 자녀가 좋은 성적으로 좋은 대학에 가서 부모를 만족시키는 '효도'가 되었다. 그러나 지금은 아이가 좋은 대학에 가서 고액 연봉을 받는 대기업이나 전문직으로 진출시키기 위한 목표로 바뀌었다. 이러한 목표를 달성하기 위해 부모들은 많은 시간과 비용을 들여 자녀 교육에 헌신하고, 가계 비용의 많은 부분을 사교육에 투자하고 위장전입까지 불사하고 있다. 통계청에서 발표한 자료에 따르면 아이 교육에 사교육비가 차지하는 비용이 매년 증가하고 있다는 사실만 보아도 잘 알 수 있다.*

재미있는 현상은 부모의 교육열과 아이가 공부하는 목적이 우리

〈연도별 초중고교 사교육비 총액〉

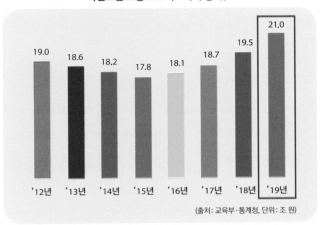

(출처: 교육부·통계청, 단위: 조 원)

나라뿐만 아니라 중국, 일본, 베트남 등 아시아권의 교육 풍토가 거의 비슷하다는 점이다. 즉, 학습 동기에 '부모에게 효도하고 입신양명으로 성공'하기 위함이 큰 부분을 차지한다.

최근 하버드대학 로스쿨에 입학한 한국 학생에게 한 기자가 공부하는 이유를 묻자, 부모님이 원했고 효도하고 싶어서라고 답했다. 상황이 이렇다 보니 아이의 교육 성공이 곧 부모의 인생 성공이

*　　　통계청에서 발표한 '2019년 초중고교 사교육비 조사' 결과 총액이 20조 9970억 원으로, 1인당 월 평균 사교육비는 32.1만 원(2010년 평균 24만 원)으로 조사를 시작한 이래 최대치를 기록했다. 특히 고교 사교육비가 급증하고 있는 추세이다.

자녀를 위한 교육, 속도보다 방향 제대로 찾기

자 자랑이 되고, 나아가 사회적인 성공과 부의 세습으로 직결되는 것이기에 자녀 교육에 더욱 헌신적으로 매진할 수밖에 없는 풍토가 되었다.

그리고 매년 사교육비 증가와 일부 계층의 특정 지역으로의 위장 전입 등에서 알 수 있듯이 교육의 양극화는 더욱 심화되고 있다. 이 제는 열심히 공부만 잘하면 되던 '개천에서 용 나는 시대'는 저물고, 학력 세습이 곧 부의 세습으로 이어지는 연결고리가 되었다. 이렇게 부모들이 아이 교육에서 성적을 최우선으로 삼다 보니 아이가 어느 고등학교나 대학교에 진학했다는 것만으로도 부모의 보상 심리가 만족되고 자랑이 되는 것이다. 특히 저출산 현상이 두드러져 아이가 한두 명밖에 없기 때문에 교육에 더 많은 시간과 비용을 지불하고 있다. 그러나 여전히 아이의 교육, 진로와 진학 문제를 어떻게 지도 하고 방향을 잡아야 할지 혼란스럽기는 마찬가지다. 아이가 다니는 학교의 모임에 가도, 학원이나 아파트 모임에 가도 온통 교육과 입 시에 관한 정보가 넘칠 뿐이다.

여기서 분명한 것은 미래 사회가 우리나라 교육 풍토와는 무관하게 혁신적으로 빠르게 변화하고 있다는 점이다. 그 변화 동향에 따라 사회가 변하고 직업 세계도, 교육도 변하고 있다는 사실이다. 이 제부터는 가정과 학교, 그리고 사회의 변화 흐름을 짚어보고 아이 교육을 어떻게 준비하고 대응해야 할지 함께 살펴보기로 하자.

부모 노릇
힘들어요

　최근 대학은 물론이고 각종 평생교육원이나 문화센터, 종교단체 등에서 '부모 교육' 강좌를 마련해 운영하고 있다. 부모 교육에 대한 관심이 점점 높아지는 것은 당연하다. 부모들이 살아왔던 시대와 달리 정신없이 빠른 속도로 정보가 쏟아지고 과학기술이 발달하고, 학교교육이 변화하기 때문이다. 게다가 맞벌이 부모가 많아지면서 아이와 함께하는 시간이 절대적으로 부족해졌고, 아이는 아이대로 학교와 학원에서 바쁘게 지내며 빠르게 변화를 겪고 있다.

　자주 바뀌는 대입의 수시·정시 비율, 고교학점제 도입, 자사고와 특목고의 변화, 창의융합교육의 강화, 과목의 통합(통합과학과 통합사회), SW교육 확대, 자유학기제에서 자유학년제로의 확대, 원격교육 등 큰 폭으로 교육정책이 변하고 있다. 그리고 10년 후 미래직업 세계의 변화, 인구절벽 현상의 가속화, 학령인구의 감소와 같이 교육에 직접 영향을 주는 사회 환경도 하루가 다르게 변하고 있다.

곳곳에서 부모 교육의 강좌나 워크숍이 증가하고 있는데 그 이유가 자녀 교육이 갈수록 힘들어지기 때문이다. 이제는 부모 역할도 적절한 교육과 훈련, 정보가 바탕이 되어야 한다는 인식이 반영된 것이다. 과거에는 부모님 말씀이나 선생님의 가르침대로 따르며 착한 아이나 모범생이라고 불리는 것을 칭찬으로 알았다. 그리고 대학을 졸업하고 취직하고 결혼하여 아이 낳고 기르는 삶을 추구했다.

최근 인기 있는 부모 교육 강좌를 살펴보면, 자녀와의 관계 향상, 진로·진학 지도, 미래교육의 변화와 대응, 게임중독 예방, 부부관계 개선, 화나 분노 같은 감정조절 훈련 등의 수강 비율이 높아졌다고 한다. 왜냐하면 저출산으로 자녀수가 한두 명밖에 되지 않기에 부모가 자녀에게 쏟는 관심과 애정, 양육비, 교육비가 비정상적으로 증가하고 있는 추세이기 때문이다. 이로 인해 가족관계와 가정경제의 불균형이 발생하여, 아이의 교육에 대해 이야기하다 가족 간의 갈등도 증가하고 있는 게 현실이다.

자녀 교육을 둘러싼 부부 갈등의 주원인은 성적과 사교육 문제다. 예를 들면 "당신은 세상을 몰라. 우리가 살던 시대와는 다르다고" "아이 친구들은 다 학원에 다녀" "옆집 애는 학원 다녀서 성적이 올랐대" 하는 대화를 주고받는다.

학원을 보내야 할지 말아야 할지부터 학군 좋다는 지역으로 이사를 할지, 자사고나 특목고에 보내야 할지, 성적에 맞춰 어느 대학의 어느 전공으로 진학시켜야 할지 등 자녀 교육을 두고 이어지는 고민은 끝이 없다. 게다가 사교육에 따른 가계 지출도 매년 상당히 증가하고 가계에 큰 부담이 되는 게 사실이다.

아무리 불경기라고 해도 아이를 위한 소비는 좀처럼 줄지 않는다. 고가의 유모차와 침대, 유기농 이유식과 유아 전용 가전제품은 없어서 못 팔고, 강남의 고액 학원을 보내기 위해 먼 곳에서 차로 통학시키고 학원 마칠 때까지 기다리거나, 아예 자녀 교육을 위해 위장전입도 불사한다. 위장전입은 고위직 청문회에 자주 등장하는 비위 가운데 하나다.

이른바 '앤젤 산업과 교육'이 고가임에도 불구하고 지속적으로 호황을 누리는 사회현상만 봐도 자녀 교육이 얼마나 힘든지 알 수 있다. 결국 과도한 양육비와 사교육비의 지출은 가계에 큰 부담이 되어 사회적으로는 저출산 현상을 가속화시키고 악순환의 고리로 작용한다.

한편 부모 교육 가운데 인기 있는 프로그램으로 '자녀와의 긍정적 관계 형성' 또는 '자녀에게 올바로 감정을 전달하고 소통하기' 등이 있다. 자녀수가 적다 보니 자녀 교육에 쏟는 과잉 열정 탓에 올바른 관계 형성에 어려움을 겪는 부모가 많아지기 때문이다.

부모는 대부분 교육을 이유로 자녀를 꾸짖는다. 그러다가 점점 목소리가 커지고 화를 내며 자신도 모르게 감정이 격앙되어 폭언을 하기도 하는데, 이를 '감정의 에스컬레이터 현상'이라고 한다. 자녀 교육을 이유로 자녀를 화풀이 대상으로 삼지 말아야 한다.

어디서든 화를 내며 얼굴을 일그러뜨리고 말하는 부모를 바라보는 아이는 무슨 생각을 할까? 과연 자신의 잘못을 반성하고 개선하려는 진정성 있는 마음을 먹을까? 자신이 어린 시절에 부모님이 화가 나서 했던 말과 행동을 생각해보면 쉽게 이해할 수 있을 것이다. 아이는 부모의 화난 얼굴과 폭력적인 언행에서 공포심과 수치심을 느낀다. 잘못된 행동에 대한 반성보다는 상황을 모면하기 위해 용서를 빌거나 오히려 아이가 더 화를 낼 수도 있다. 심지어 아이는 집안에서 일어나는 잘못된 일이 자기 탓이라고 생각하거나 지금의 잘못된 행동을 과잉 해석할 수도 있다. 이는 자녀의 성장 과정에서 발생하는 다른 행동에도 좋지 않은 영향을 미치게 될 것이다. 부모 또한 단순히 주의를 주려고 시작한 대화에서 본의 아니게 화를 내고 있는 자신을 발견하고 더 화가 나는 감정의 에스컬레이터 현상을 겪게 된다.

따라서 현명한 부모라면 자녀를 교육할 때, 그들을 하나의 독립적인 인격체로 인정하여 아이 스스로 생각하고 반성하여 잘못된 생각과 행동을 개선할 수 있도록 가르치고 도와줘야 한다. 그리고 가능하면 사람이 없는 조용한 곳에서 차분한 말투로 아이가 잘못한 행동에 대해 구체적으로 이야기하는 것이 더 효과적이다. 무엇보다 아이가 무엇을 잘못했는지 스스로 말할 기회를 주고, 인내심을 갖고 들어주는 태도가 필요하다. 그래야 아이는 잘못한 언행을 바로잡으려는 마음이 생기고 이를 바탕으로 실제 행동에 변화가 일어난다. 반대로 아이를 칭찬할 때는 가능한 한 가족이나 사람이 많은 곳에서 구체적인 아이의 행동에 대해 칭찬하는 것이 효과가 더 좋다.

'부모'라는 이름으로 자녀 앞에 설 때는 부모 스스로 솔선수범하는 말과 행동을 해야 한다. 아무리 화가 나더라도 자녀를 화풀이 대상으로 삼으면 아이는 잘못을 고치려 하기보다는, 그 수치심과 불안감을 오래 가슴에 담아두고 다른 가족이나 친구에게 화풀이를 하거나 좋지 않은 행동으로 이어갈 수 있다. 진정한 자녀 교육의 시작은 부모의 감정 조절이 먼저임을 잊지 말아야 한다. 감정은 굳이 말하지 않더라도 서로에게 통하기 때문이다.

부모와 자녀의
동상이몽

"아이가 내 마음 같으면 얼마나 좋을까….""

"아이를 위해 애쓰는 부모 마음을 왜 알아주지 못하지?"

"어른이 되면 부모 마음을 알아줄 거야."

결론부터 얘기하자면 부모의 착각이자 오해다. 부모와 자녀는 엄
연히 다른 인격체로 서로 잘 모른다는 것을 인정해야 한다. 반대로
생각해보면 부모들도 자신의 부모와의 관계에서 그랬을 것이다.

우리나라의 특수한 가족관계와 교육 풍토에서 나타나는 부모와
자녀 간의 관계를 살펴볼 수 있는 연구 결과가 있다. 이 연구는 사회

적, 학문적으로 성과를 거둔 우리나라 40대 150명(문과, 이과, 예체능)을 대상으로 그들의 부모와의 양육 관계를 조사한 내용이다.

　연구에서는 대상자인 '성공한 자녀'를 중심으로 그 아버지와 어머니 각각 세 명에게 개별적으로 인터뷰와 설문을 실시하였다. 조사 내용은 성공한 자녀가 인식하고 있는 초중고교까지의 아버지와 어머니의 양육과 교육 방식이었다. 그리고 아버지, 어머니, 자녀가 인식하고 있는 양육과 교육 방식을 자율성의 정도와 애정의 정도에 따라 2개 축을 교차하여 측정하였다.

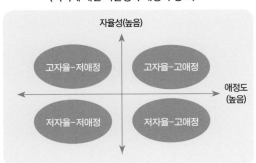

〈자녀에 대한 자율성과 애정의 정도〉

　이 연구에서 아버지가 인식하고 있던 본인의 양육 태도와 자녀가 인식하고 있는 아버지의 양육 태도와의 상관관계는 대체로 높게 나타났다. 즉, 아버지들은 자녀를 키울 때 자율성과 애정을 많이 주었거나(고자율-고애정), 아니면 반대로 통제하고 별로 애정을 주지 않았다(저자율-저애정)는 답변이 반반으로 나타났다. 자녀 또한 아버지를 그렇게 인식하는 것으로 나타났다.

그러나 어머니의 양육 방식에 대한 어머니 스스로의 인식과 자녀가 인식하는 어머니에 대한 결과는 서로 다르게 나타났다. 어머니는 성공한 자녀로 키우려고 직장이나 인간관계를 포기하거나, 학교와 학원에 대한 정보를 구하기 위해 시간과 노력을 들이며 자녀의 성공만을 위해 헌신하였다고 답변했다. 어머니의 90% 이상이 아이에게 정말 자율성과 애정을 많이 주었다고(고자율-고애정) 스스로 평가했다.

설문에 답한 엄마들은 몇 년 전 방송된 인기 드라마 〈SKY캐슬〉에 등장하는 이들과 비슷한 모습을 보였다. 어떤 엄마는 자녀 주위를 뱅뱅 도는 '헬리콥터맘'이 되어 학교와 학원 일정을 관리하고 시간에 맞춰 아이를 차로 실어 날랐다. 또 아이의 성적을 위해서 시간과 성적을 엄격하게 관리하는 '타이거맘'도 마다하지 않았다. 그리고 아이가 오로지 공부에만 집중할 수 있도록 모든 일은 엄마가 다 알아서 해주고 아이는 엄마가 닦아놓은 잔디 길만 걸을 수 있도록 애쓰는 '잔디깎기맘'이 되기도 했고, 또 다른 그룹은 세상에서 가장 긴 탯줄이라 불리는 스마트폰으로 아이들의 출결과 성적을 체계적으로 관리해주었다고 대답했다.

그런데 이런 어머니의 헌신적 희생과 열정에 대해 자녀는 어떻게 인식하고 있었을까? 결과는 자녀가 어머니의 애정과 헌신적인 노력을 무리한 간섭과 통제로 생각하는 경우가 무려 70% 정도로 높게 나타났다. 심지어 어머니의 간섭과 통제가 없었다면 더 자유롭고 멋지게 성장할 수 있었을 거라며 원망하기도 하였다. 부모와 자녀, 특히 많은 시간을 함께하고 있는 어머니와 자녀와의 관계는 같은 행동에 대해서도 이렇게 서로 다른 생각과 감정을 보이는 것으로 밝혀졌다.

부모는 내 아이가 나의 생각과 감정, 요구를 잘 이해하고 성장해 주기를 바라지만 현실은 그렇지 않음을 빨리 깨달아야 한다. 사실 우리도 자신의 부모와의 관계에서 마찬가지였을 것이다. "너도 아이를 낳아보면 부모 마음을 이해할 것"이라는 말을 들어본 적이 있지 않은가. 우리 모두는 부모 역할이 처음이라 이를 올바르게 할 수 있도록 많은 노력과 시간을 들여야 한다. 부모도 자식도 모두 처음이라 그렇다.

요즘 맞벌이 가정이 점점 늘다 보니 자녀 교육을 어떻게 해야 할지 모르겠다며 불안해하는 부모가 많아졌다. 어린아이를 이른 아침부터 어린이집에 보내거나 부모 혹은 돌보미에게 맡기고 일터로 나가는 마음이 누구든 편할 리는 없다. 아이에게는 물론이고 돌봐주는 분에게 미안한 마음이 드는 것이 현실이다.

그래서인지 함께하지 못해 미안한 마음에 아이에게 고가의 선물이나 장난감, 외식과 같은 물질적인 보상으로 대신하려는 모습이 나타나기도 한다. 채워주지 못하는 사랑을 물질로나마 보상하려는 부모의 마음을 아이가 전혀 모르진 않겠지만, 정말 그것으로 부모의 사랑이 충분히 표현되는지는 생각해볼 일이다.

아이를 사랑하는 마음을 어떻게 표현하면 좋을까? 가장 필요한 것은 부모와 자녀가 함께 시간을 보내는 것이다. 그러나 무조건 오랜 시간을 같이 보낸다고 사랑이 다 표현되는 것은 아니다. 중요한 것은 '시간의 양'이 아니라, 서로 사랑하고 사랑받고 있다는 마음을 전하는 '시간의 질'이 우선이라는 점이다.

특히 아이와 눈을 맞추고 포옹하는 등의 자연스러운 스킨십은 자주 할수록 좋다. 어린아이일수록 부모와의 스킨십은 애착을 만들어가는 데 매우 중요한 '정서적 연결고리'가 된다. 또한 청소년기 아이에게는 자신감과 신뢰감, 사회성을 길러주며, 의사소통능력을 강화하고 마음을 변화시켜 더욱 친밀한 상호작용이 가능하도록 만들어준다.

1970년대 후반 미국에서는 인큐베이터가 부족해 신생아의 사망률이 높았다. 이때 산모가 아이를 품어주는 '캥거루 케어' 간호요법을 실시했는데, 아기의 수면 시간이 규칙적으로 증가하며 빠르게 회복했다고 한다. 이렇듯 아이를 향한 눈빛과 따뜻한 체온을 담은 스킨십을 통해 '내가 너를 얼마나 사랑하고 있는지' 표현해준다면 부모와 자녀와의 애착관계는 더욱 긴밀해질 것이다. 심리학에서는 부모와 자녀와의 긍정적인 애착관계는 자녀의 학교생활과 성적 향상뿐만 아니라, 사회적인 성공과 원만한 대인관계 및 안정적이고 행복한 결혼 생활에까지 영향을 미친다고 강조한다.

아이의 마음을 얻는 일, 아이에게 사랑을 표현하는 일은 따뜻한 포옹이나 손을 맞잡아주는 소소한 스킨십만으로도 얼마든지 가능하다. 지금 곁에 있는 아이의 손을 꼭 잡으며 깊고 따뜻한 사랑을 표현하는 습관을 시작해보면 어떨까?

헬리콥터부모,
잔디깎기부모일까?

"선생님, 우리 애 내일 수업 준비물이 뭔가요?"

"선생님, 우리 애가 ○○랑 놀지 않게 해주세요."

"선생님, 우리 애 기죽지 않게 혼내지 말아주세요!"

요즘 선생님들은 퇴근 후에도 학부모 연락에 시달린다고 한다. 수업 시간뿐만 아니라 퇴근 후나 밤늦게까지 수시로 전화하고, 문자나 메신저 하는 학부모 때문에 괴롭다고 하소연하는 선생님이 적지 않다. 심지어 어떤 학부모는 맞벌이나 바쁘다는 이유로, 마치 아이 교육의 모든 것을 학교가 담당해야 한다고 착각하고 모든 교육을 학교에 맡겨버리는 경우도 있다고 한다. 대학이라고 상황이 달라지는 것은 아니다.

"교수님, 우리 아이 장학금 받아야 하는데 학점 좀 잘 주세요."

"우리 아이가 몸이 아파 엠티 못 가는데, 어떡하면 좋나요?"

"이번 학기 과목 선택은 어떻게 해야 하나요?"

일부 초중고 학부모의 극성은 대학까지 이어지는 경우도 있다. 독립된 인간으로서 자율적인 선택과 책임을 져야 할 대학생 자녀를 대신해 부모가 일상과 학업을 관리해주는 것이다. 그렇다면 이런 개입은 대학 생활에서 그칠까?

"소대장님, 아들 휴가가 어떻게 된 건가요?"

"소대장님, 우리 아들 약 좀 챙겨주세요."

"아들이 변비가 있는데 화장실에 비데가 있나요?

"애인과 헤어졌다는데, 관심 좀 기울여주세요."

"애가 몸이 아프다는데 이번 유격훈련 꼭 받아야 하나요?"

이와 같이 군대 간 아들의 부대에까지 전화하고 이런저런 부탁을 해서 부대에서도 곤란하다고 한다. 군대 간 아들의 군사훈련과

휴가, 실연까지 부모가 챙기고 있는 것이다. 이런 식으로 부모의 과잉보호 속에 자란 자녀는 점점 무기력, 무동기, 무책임이라는 '3무(無) 인간'이 되는 것도 부모의 과도한 개입이 초래한 자녀 교육의 부정적인 결과다.

결국 '나는 누구인가'를 고민하며 자아정체성을 확립해야 할 중요한 시기를 놓친 자녀는 성년이 되어서도 부모에게 의지한다. '부모님이 다 알아서 해주겠지' '나는 공부만 잘하면 된다고 했어' '내가 맘대로 했다가는 부모님께 혼만 나' 하고 생각한다. 자아정체성을 확립해야 할 중요한 시기에 자아정체성을 유보하거나 아예 회피해버리는 청소년이 매년 증가하는 추세다. 자녀가 자신의 인생을 자율적으로 선택하고 노력하며 성공과 실패에 대한 결과에 책임지는 인생을 살기보다는 자신의 사소한 실패마저도 이제는 부모에게 원인을 돌리게 되고 만다.

최근 중국 상하이에서 미국의 유명 대학에 유학 중인 자녀가 공항에 마중 나온 부모를 폭행한 사건이 발생하였다. 유학 보낸 다른 부모와 달리 용돈을 적게 주는 바람에 자신이 미국에서 불편을 겪었다는 이유에서다. 자신의 문제를 스스로 해결하려고 노력하기보다 자신이 겪은 불편의 원인을 부모에게 돌린 탓이다.

또 북경에서 대낮에 30대 아들이 휴대전화를 바꿔주지 않는다며 부모를 폭행하는 사건이 발생하는 등의 사회문제가 이어지면서, 중국에서는 이를 '소황제 신드롬'이라고 부르며 사회병리현상으로 꼽고 있다. 한 명의 자녀만 소황제처럼 키우다 보니, 자녀는 세상의 모든 일을 부모가 해결해주리라 여기고 결국 문제아로 전락하는 바람에, 고통의 부메랑이 부모에게 돌아가는 것이다.

어디 중국뿐이겠는가? 우리나라에서도 대학교수가 된 아들이 명절에 부모의 재산을 노려 살해한 사건이 있었다. 생활이 어려운데 부모가 도와주지 않았다는 이유에서였다.

일본에서도 1990년대 자살률이 높은 3대 직업군 중에 교사가 포함되었다. 당시 일본 정부는 토요일 수업 및 일제고사를 폐지를 하는 등 학생들의 학업 부담을 줄이는 데 나섰다. 학교에 머무는 시간이 줄면 학생들이 자율적으로 학습하고, 자연과 문화예술을 즐기는 시간이 늘어나면 이지메(집단 따돌림)가 줄어들 것이라고 판단해 '여유교육(유도리교육)정책'을 실시하였다.

그러나 결과적으로 국제학업성취도비교(PISA)*와 같은 국제학력시험에서 오히려 일본 학생들의 학력이 추락하고, 인생과 학업에 대한 무동기, 무기력, 무책임의 3무(無) 현상이 만연해졌다. 거리에는 방황하는 학생이 늘고 이지메 현상은 더욱 심해졌다. 동시에 무기력

---

*　　PISA(Programme for International Student Assessment)는 OECD가 주관하여 만 15세 학생을 대상으로 3년 주기로 수학, 읽기, 과학 영역의 능력을 평가한다.

한 학생들을 가르쳐야 했던 선생님들도 무기력에 빠졌고 결국 교육에 흥미를 잃은 교사들의 자살률 상승으로 이어지는 '풍선 효과'가 나타나고 말았다. 결국 일본의 방송언론매체들이 먼저 나서서 일본의 10년 후를 이들에게 맡길 수 없다는 여론을 형성하여 이 정책은 전면 폐지되었다.

그런데 부모의 과잉 보살핌은 왜 생긴 것일까? 부모가 자녀를 어른으로서 경제적인, 심리적인 독립과 성장하도록 하는 것을 회피하게 만들지는 않았을까? 결국 권리만 행사하고 의무는 없는 무책임한 '피터팬신드롬'을 가진 아이로 키우지 않았을까? 자신의 인생에서 주인이 되어야 할 성인이 되었음에도 불구하고 심리적, 경제적으로 독립하지 못하고 부모의 영원한 보호 속에 있고 싶어 하는 캥거루족으로 만들고 있지는 않았을까?

최근 아동들이 많이 겪고 있는 정신병리현상 가운데 두드러지는 2가지가 있다.

첫째는 ADHD(Attention Deficit Hyperactivity Disorder, 주의력결핍 과잉행동장애)이다. 주의가 산만하여 집중을 못하고 자리에 10분 이상 앉아 있지 못하며, 과잉행동과 충동적인 행동으로 본인뿐 아니라 다른 가족이나 친구에게 좋지 않은 영향을 주는 증세로 정신적인 질병이며 치료가 필요하다. 단기적인 약물 치료도 필요하지만 동시에 자녀 상담은 물론이고 가족 상담을 필수로 하고 있다. 자칫 치료 시기를 놓치면 만성적인 정신병리가 될 수 있고, 학교에서도 학습장애나 대인관계에서도 좋지 않은 결과를 낳을 수 있다.

둘째로, ADHD에 이어 떠오르는 최신 정신병리현상은 '결정장애'이다. 인간은 본래 자율적으로 여러 정보를 합리적으로 선택하여 판단하고 행동하고 싶어 하는 자기결정성의 욕구가 강한 독립된 인격체이다.

"엄마가 다 해줄게."
"너는 공부만 잘하면 돼."
"좋은 대학만 가면 다 해결될 거야."
"좋은 직장에 취직하면 그때부터 생각하면 돼."
"결혼하면 다 할 건데 지금 고생하지 않아도 돼."

혹시 이런 마음으로 아이를 대하지는 않았는지? 그렇게 키운 아이는 어떤 상황에서든 엄마를 찾게 되고 스스로 결정하려고 하지 않는다. 부모가 모든 것을 다 해주니 골치 아프게 자신이 결정할 필요가 없기에 선택과 결정 자체를 하지 않게 된다. 결국 부모의 교육 방식이 자녀를 '결정장애'를 겪는 성인으로 만들 가능성이 있다는 말이다. 이를 햄릿이 "사느냐 죽느냐 그것이 문제로다"라고 말하며 우유부단한 모습을 나타낸 상황에 빗대어 '햄릿증후군'이라고 부른다.

이런 자녀가 어른으로 성장한다면 어떻게 될까? 부모로부터 학습된 모든 경험과 ADHD, 결정장애 등은 고스란히 성인이 된 자녀 자신뿐만 아니라 부모에게도 고통의 부메랑이 되어 두고두고 고통을 겪을 수도 있다.

한편 이러한 사회병리현상이 우리나라에서만 벌어지는 것은 아니다. 우리는 흔히 미국의 부모들은 자녀가 어릴 때부터 자율성과 독립성을 중요하게 여기며 살아가도록 교육한다고 알고 있다. 그러나 최근 미국도 변했다. 과거와 달리 금융위기, 무역적자와 재정적자를 연거푸 겪으며 경제 상황이 나빠지면서 달라졌다. 좋은 대학을 나와 안정된 고액 연봉을 받는 직장에 들어가기를 희망하는 부모가 많이 늘어난 것이다.

부모가 어릴 때부터 아이를 관리하기 위해 언제나 헬리콥터처럼 빙빙 돌며 감시한다고 하여 붙여진 사회병리현상을 '헬리콥터맘, 헬리콥터부모'라고 한다. 여기서 한발 더 나아가 '잔디깎기부모'가 등장했다. 아이의 장래에 걸림돌이 되는 것을 잔디 깎듯 알아서 처리해주는 부모를 이르는 신조어다. 이는 미국의 아이비리그 대학 1, 2학년 학생의 자살률이 급증한 사실이 기사화되면서 그 원인으로 지목된 현상이다.

미국식 자녀 교육은 아이들의 자율성과 독립성을 키워주고 대학에 가면 부모로부터 독립하여 생활하는 것을 당연하게 여겼다. 그러나 자녀를 명문 대학에 진학시키기 위한 부모의 과잉 교육이 오히려 자녀를 자살로 몰고 있다는 게 언론의 분석이었다. 부모가 장애물을 다 제거하고 닦아둔 잔디 길을 자녀가 걸으며 공부만 잘해서 명문 대학에 입학하지만, 결국 심리적인 미성장으로 대학 생활에 잘 적응하지 못하고 우울과 좌절로 자살하는 학생이 늘어난 원인으로 작용하고 말았다.

특히 이민 온 아시아계 부모를 둔 경우에는 그 정도가 더 심한 것으로 나타났다. 한국, 베트남, 중국 부모들은 높은 성적을 내기 위해 철저히 아이를 관리하고 엄격히 통제한다고 하여 '타이거부모'라고 불린다. 미국에서는 성적만 높은 아시아계 학생들의 SAT(Scholastic Aptitude Test)* 점수를 미국 학생보다 낮게 평가하는 역차별을 적용하기도 한다.**

심지어 SAT 점수를 높게 받을 수 있도록 기출문제 유형과 요령을 잘 분석하여 가르쳐주는 한국식 HAKWON(학원)이 성업 중이고, SAT 점수에 만점을 받은 한국 학생이 오히려 대학 입학사정관에 의

---

*　　　미국 대학교에 진학하려는 학생이 꼭 치러야 하는 시험이다. 1년에 7번, 전 세계적으로 시험이 진행된다. 결과는 입학사정에 반영되며 여러 개의 시험을 통틀어 일컫는다.

**　　　SAT에서 나온 점수를 백인은 원점대로, 히스패닉과 흑인은 원점보다 높은 점수(+150~200)를, 아시아계는 원점보다 낮은 점수(−140)로 처리한다.

해 불합격하는 경우까지 발생하고 있다.

　최근 기업의 인사 담당자를 만나서 요즘 신입 직원들에 대해 물어보면 하나같이 하는 말이 "학력이나 경력, 외국 연수, 자격증 등 스펙은 필요 이상으로 화려하고 최상인데 업무 처리나 대인관계 능력, 현실감각은 예전보다 현저히 떨어진다"라고 말한다. 그리고 조금만 힘들면 어렵게 들어온 직장을 1년도 안 되어 쉽게 퇴사해버린다며 걱정한다. 학력은 높고 체격은 커졌는데 자신의 인생과 사회에 대한 의지도, 동기도, 책임도 약하고 쉽게 포기하고 마는 자녀를 원치 않는다면 가정에서 제대로 된 교육을 시작해야 한다. 자녀 교육에서 어떠한 양육과 교육 방식이 자녀를 성숙한 인간으로 성장시키는 데 도움이 되는지 잘 생각해봐야 할 때이다.

　지난 16년간 세계 부자 1위 자리를 지킨 빌 게이츠. 그의 부모는 서부 명문가였으나 아이들이 어릴 때부터 자신의 재산은 쳐다보지 말라며 독립심과 자립심을 키워주었다. 빌 게이츠가 대학에 들어가 창업하고자 할 때 부모는 금전을 지원해주기보다 빌 게이츠가 제대로 계획을 세웠는지, 충분히 준비를 했는지에 대해서만 질문했다는 유명한 일화가 있다.

스마트폰 중독
어떻게 할까?

왁자지껄 유쾌한 가족 모임.

오랜만에 만난 친구들과의 즐거운 수다.

동호회나 친목회 등 부부 동반 모임.

이런 모임에서 흔히 목격되는 장면이 있다. 유쾌하고 즐거운 어른들의 대화 속에 방치되거나 고립되어 혼자 조용히 의자 한쪽을 차지하고 있는 아이들이다. 이들의 손에는 하나같이 스마트폰이 쥐여 있다. 어쩌면 아이가 스마트폰을 보고 있지 않다면 그렇게 얌전히 앉아 놀라운 집중력을 보이지 못할 것이다. 이 순간만큼은 우리 부모들도 아이의 스마트폰 사용에 그다지 민감한 반응을 보이지 않는다. 오히려 모임에 집중할 수 있도록 해주는 '현대판 아이 돌보미' 스마트폰에 고마운 마음이 들지도 모를 일이다. 오죽하면 스마트폰이 없으면 살 수 없는 인류, 부모가 아이를 낳았지만 스마트폰이 아이를 키운다고 하여 '포노 사피엔스(Phono Sapiens)'라고 할 정도이다.

"아이가 스마트폰만 찾아서 어쩔 수 없어요."
"스마트폰을 못 보게 하면 바로 울어서 아무것도 할 수 없어요."
"스마트폰으로 만화를 보거나 게임을 하는 게 나쁜가요?"
"나도 편하고 아이도 스마트폰을 좋아하는데, 나쁜 일인가요?"
"우리 아이는 잠자면서도 스마트폰을 쥐고 잘 정도예요."
"엄마보다 스마트폰을 더 좋아해요."

작은 화면 안에서 빠르게 전환되는 영상을 오랜 시간 보는 것은 한창 발달이 진행 중인 아이의 뇌 기능이나 정신 건강에 좋지 않다. 이것은 이미 뇌 발달 연구나 심리학 연구 결과에서도 밝혀졌다.

독서나 대화를 하는 동안 활성화되는 뇌와 게임을 하는 동안 활성화되는 뇌를 최첨단 fMRI(Functional Magnetic Resonance Imaging)로 비교분석한 연구가 있다. 독서나 대화를 하는 동안은 인지와 감정을 담당하는 뇌의 각 부위의 많은 신경세포가 활발히 연계를 하면서 활성화된다. 그에 반해 게임을 하는 뇌는 어느 일정 부분의 뇌만 집중적으로 활성화된다.

　PC방에서 72시간 게임에만 몰두하던 사람이 쓰러져 사망한 사건을 뉴스에서 본 적이 있을 것이다. 게임에 몰두하느라 눈 깜박임, 호흡 조절 등을 통제하는 자율신경계가 교란되어 뇌로 가는 산소가 부족해 사망으로 이어진 결과다.

　근래 개발된 게임들은 가상 세계와 현실 세계를 구분하지 못할 정도로 정교하고 화려하며, 레벨을 올리기 위해 현금을 주고 아이템을 구입하는 '현질'을 부른다. 어린아이들은 현실과 가상을 구분하지 못하여 위험한 곳에서 뛰어내리기도 한다. 초등학교 3학년 학생이 부모님 차를 게임처럼 운전하다가 교통사고를 내기도 하고, 온라인 게임을 같이하던 사람을 실제로 찾아가 복수하는 등 게임을 둘러싼 무서운 사건이 우리 주변에서 일어나고 있다. 서바이벌 슈팅 게임을 하던 미국의 한 대학생이 실제로 총을 구입하여 사람들을 살해하는 사건을 벌이기도 했다.

　아이가 동영상을 좋아한다고, 게임을 하는 동안에는 얌전히 있다고 그 손에 스마트폰을 자꾸 쥐여주는 것은 '스마트폰중독'으로 가는 길을 부모가 직접 터주는 행위와 같다. 마약중독이나 알코올중독만 위험한 것이 아니다. 아이들이 스마트폰중독에 빠지지 않도록 경계해야 한다.

아이가 처음에는 한두 시간 가지고 놀면 만족하던 것에서 점점 사용 시간이 늘고 있다면 '내성'을 의심해야 한다. 또한 스마트폰을 하지 못하면 불안하고 우울해서 다른 일상적인 일을 하지 못한다면 '금단현상'이라고 볼 수 있으며 내성과 금단현상이 발생하면 그것을 '중독'되었다고 한다.

최근 정신병리학에서는 본인의 의사와 관계없이 수동적으로 중독되었다는 용어보다는 본인이 능동적이고 적극적으로 그것을 찾고 '의존' 혹은 '남용'했다는 용어를 더 많이 사용한다. 이렇듯 마약, 알코올처럼 '스마트폰의 남용과 의존'도 무섭다는 것을 알아야 한다.

여기서 재미있는 사실을 발견할 수 있다. 윈도 OS와 익스플로러로 PC를 작동시키고 인터넷으로 세계를 연결한 마이크로소프트의 빌 게이츠나, 애플 컴퓨터로 PC의 세계를 열고 아이폰으로 스마트 세계를 개척한 스티브 잡스에게는 자녀 교육의 공통점이 있었다. 아이러니하게도 이들은 자신의 자녀에게 13세 이전에는 휴대전화를 쓰지 못하게 하였다는 점이다. 특히 가족이 함께 식사하는 자리에서는 사소한 주제(분리수거, 가족 피크닉, 학교 수업이나 친구 이야기 등등)라도 아이들과 얼굴을 마주하고 그들의 이야기를 경청하고 적절히 반응하며 서로 생각을 나누는 시간을 가졌다고 한다. 이를 통해 유대전화가 해줄 수 없는 따뜻하고 소중한 공감과 소통, 경청과 사고력, 인문학적인 소양을 키울 수 있었던 것이다.

이들의 또 다른 공통점은 대학에서 인문학을 공부했다는 점이다. 빌 게이츠는 법학, 스티브 잡스는 철학이었다. 창의적인 인문학적 배경을 디지털 테크놀로지와 결합해 새로운 스마트한 세계를 만들어낸 것이다. 실제로 빌 게이츠는 지금도 일주일 정도는 혼자 생각하는 시간을 갖기 위해 다양한 주제의 책을 싸들고 별장에서 지낸다고 한다.

한편 21세기가 만들어낸 최대의 발명품인 스마트폰은 우리 아이들의 뇌를 스마트하게 만들지는 못하는 아이러니한 속성이 있다. 최근에는 미국이나 영국의 레스토랑에서는 입구에 스마트폰을 맡겨놓고 같이 식사하러 온 사람들과 맛있는 음식을 함께 먹으며 대화하도록 하니, 웃음소리가 훨씬 커지고 매출도 올라갔다는 뉴스가 있었다. 그리고 학교에 스마트폰을 못 갖고 오게 하거나, 심지어 대학 강의 시간에 노트북이나 스마트폰을 못 쓰게 하고 강의와 토론에 집중하도록 했더니, 학업 성취도와 수업 만족도가 훨씬 높아졌다는 연구 결과도 있었다.

스마트폰은 양날의 칼과 같다. 잘 쓰면 정말 언제 어디서든 세계를 스마트하게 연결해주는 마법 도구 같다. 그러나 너무 과도하게 의존하면 중요한 본질을 놓치고 시간과 노력, 감정을 낭비하게 만드는 것이다. 그래서 요즘 일부 회사에서는 업무 효율성을 최대한 높이기 위해 일정 시간에는 스마트폰이나 메신저를 쓰게 하기도 하고,

일정 시간 스마트폰을 중지시키는 앱까지 등장할 정도다. 그리고 사회적 관계망을 높여준다는 페이스북이나 인스타그램, 트위터와 같은 소셜미디어가 오히려 사람들에게 우울감과 불안감을 더 높여준다는 연구 결과도 많다. 사람들은 소셜미디어에 등장하는 다른 사람의 화려한 모습에서 상대적으로 가치박탈감을 느끼면서 더 우울해하고 불안을 느낀다는 것이다.

이런 스마트폰에 지금도 무심코 아이를 맡기고 있지는 않은가? 우리 아이들은 부모와 함께 즐겁게 이야기를 나누며 사랑과 인정받기를 더 원한다. 자신의 이야기를 들어주지 않고, 자신의 생각에 반응하지 않는 부모에 대해 자녀들은 냉정하리만치 마음의 문을 쉽게 닫아버린다.

반대로 아이의 호기심 어린 질문에 적극적으로 반응하고 그들의 생각에 다가서려 노력하는 부모의 마음이 느껴질 때 아이는 부모에게 사랑과 인정을 받는다고 생각하며 마음의 문을 스스로 열고, 부모님과 가정에서 심리적 안정감과 포근함을 느끼게 된다. 아이들을 더 이상 스마트폰에만 맡기지 말아야 한다. 이것이 아이의 정신 건강과 지능, 잠재력을 발달시키고 몸과 마음을 더욱 건강하게 하는 비결이다.

오늘부터 내 아이의 얼굴을 마주하고 사랑스러운 눈빛으로 감정을 교류하면서 일상의 소소한 이야기부터 시작해보는 것은 어떨까?

사소하다고 하기엔
너무 중요한 습관

"에휴, 조금만 더 참으면 싸우지 않았을 텐데…."
"에휴, 조금만 더 차분히 풀었으면 틀리지 않았을 텐데…."
"에휴, 조금만 더 공부했으면 성적이 좋았을 텐데…."
"에휴, 한 번만 더 생각해보면 잘 풀 수 있었을 텐데…."

아이를 볼 때마다 부모는 걱정이 많다. 특히 작은 노력, 별것 아닌 습관을 바꾸면 더 좋은 성과가 있을 것 같을 때는 아쉬움이 더 크다. 실제로 아이의 자기통제력이나 절제력은 결과에 큰 영향을 미치는데, 이를 증명하는 실험이 '마시멜로 효과'다.

1960년대 미국 스탠퍼드대학 미셸 교수는 4~6세 아이들 653명을 대상으로 마시멜로 한 개를 주면서 잠깐(약 15분) 동안 먹지 않고 기다리면 한 개를 더 준다고 말하고 방을 나서는 간단한 실험을 했다.

　　그 결과, 아이들은 두 유형으로 나뉘었다. 하나는 15분을 참지 못하고 눈앞에 있는 달콤한 마시멜로를 먹어버리는 유형이고, 다른 하나는 당장 먹고 싶지만 다음에 더 큰 상(여기서는 두 개의 마시멜로)을 기대하며 참고 견디는 유형으로 나타났다. 만약에 내 아이라면 어떻게 행동할까?

　　이 실험이 화제가 된 것은 15년, 30년이 지나 발표된 후속 연구 덕분이었다. 유혹을 좀 더 오래 참을 수 있었던 아이들은 청소년기 학교 성적이 좋았을 뿐만 아니라, SAT 점수나 대학 진학에서도 우수한 결과를 보였다. 또한 좌절과 스트레스를 견디는 힘도 강했으며 30년 후의 건강 상태(체질량지수 기준)도 비교적 양호한 것으로 나타났다. 이런 결과가 교육계와 부모들에게 미친 영향은 두말할 것도 없다.

　　이러한 연구 결과는 수많은 심리 실험을 거치며 '만족지연능력'의 중요성이 강조되었다. 더 큰 기대와 만족을 위해 당장 눈에 보이는 작은 만족을 유보하는 그룹이 학업성적, 대인관계, 직장 생활, 결혼 생활에까지 좋은 영향을 미친다는 이론은 지금도 큰 영향력을 발휘하고 있다.

그러나 자기통제력이나 절제는 쉬운 일이 아니며 하루아침에 형성되는 습관이 아니다. 참을 인(忍)이라는 한자만 보아도 그렇다. 오죽하면 심장(心)에 칼날(刃)이 놓일 정도로 힘들고 어려운 일이라고 표현했겠는가. 그러나 아이의 15년, 30년 후를 생각한다면 간과할 수 없는 일이기도 하다.

더 큰 목적을 위해 지금의 작은 만족을 참고 지연할 수 있는 능력을 키워줘야 한다. 이와 관련하여 의미 있는 계산식이 있다. 매일 조금만 더 노력한다면 1년 뒤에 약 37.8이 되지만, 매일 조금 덜 노력한다면 1년 뒤에는 0.026이 된다는 것이다. 매일 조금만 더 참고 노력하는 습관을 길러주면 더 큰 성공으로 보상받게 된다.

$$1.01^{365} = 37.783$$
$$0.99^{365} = 0.026$$

정서장애가 있다면
적극적으로 치료를

요즘 많은 학교 선생님이 학생들의 여러 정서장애를 걱정하고 있다. ADHD, 결정장애, 분노나 충동 조절장애 등을 겪는 학생이 더 많아지고 있기 때문이다. 이는 심리적인 질병에 해당되기 때문에 미리 예방하는 것이 좋고, 일단 발병하면 적극적으로 치료할 필요가 있다. 정서장애는 아이의 개인적인 문제이거나 일시적인 현상으로 그치는 것이 아니기 때문에 부모의 각별한 관심과 교육이 필요하다.

ADHD는 우리나라 아이들 20명 가운데 1명이 진단을 받을 만큼 증가하고 있어서 사회적인 문제가 되고 있다. 그러나 질병이 있는데도 실제로 치료 기관에 상담받으러 오는 경우는 드물다. 많은 부모가 '우리 아이는 활동적이니까 일시적으로 나타나는 현상이겠지' 하면서 잘못 생각하기도 한다. ADHD는 남자아이가 여자아이보다 5배 정도 많이 나타나며, 생리적인 영향도 있으나 남자아이가 여자아이보다 공격적이고 충동적이며 직접적인 행동으로 나타나는 경우가 많다.

만일 아이가 10분 이상 1가지 일에 집중하지 못하고 자기 방에 있다가도 화장실에 간다는 핑계로 자주 거실에 나오거나, 여기저기 기웃거리고 다른 사람이 하는 일에 간섭을 하거나, 자기가 해야 할 숙제를 끝까지 하지 못하거나, 학교 준비물도 잘 챙기지 못하고 물건을 잘 잊어버리는 행동이 자주 나타난다면 유심히 살펴볼 필요가 있다.

아이에게 ADHD가 있다면 일상생활에 지장이 있을 뿐만 아니라 공부에도 흥미를 잃을 수 있다. 특히 우리나라는 초등학교 4학년부터는 교육과정이 어려워지기 때문에 지속적으로 공부하고 집중하는 습관을 잘 들여야 하는 중요한 시기이다. 그런데 ADHD가 있다면 주의력을 기울여 차분히 공부에 집중하기 어렵기 때문에, 좋은 성적을 거두기 힘들거나 학업에 흥미를 잃는 경우도 많다.

이런 아이들은 가정뿐만 아니라 학교에서도 쉽게 분노를 폭발하고 충동적으로 행동한다. 그리고 쉽게 결정하거나 변덕이 심하고, 주위가 산만하여 공부에 집중하지 못하며 공격적인 태도나 문제 행동으로 나타나기도 한다. 결국 사회에 나가서도 조직에 적응하지 못하고 쉽게 포기하거나 대인관계에서도 감정 조절이 되지 않아 어려움을 겪기도 한다. 충동적인 행동으로 문제가 되기도 하며 결혼하고도 가정생활에 어려움을 겪기도 한다.

정서장애가 있는 경우에는 아이가 당장 실천 가능한 작은 행동이나 계획부터 스스로 기록하고 하나씩 성취해나가도록 하는 '성공 경험'을 쌓아가는 훈련이 필요하다. 작은 성공 경험이 축적되면서 인생의 큰 성공 에너지로 나타나게 된다. 여기서 중요한 점은 아이가 자기주도적으로 계획과 실천을 결정할 수 있도록 돕는 것이다. 부모가 일방적으로 결정해주거나 "이거 잘하면 뭘 하도록 해줄게, 뭘 사줄게"라고 하면서 회유하지 말아야 한다. 시간이 걸리더라도 아이 스스로 생각하고 판단하여 결정하고 행동으로 옮길 수 있도록 부모도 참으면서 아이를 지켜보고 도와주어야 한다.

예를 들면 50분 공부하고 10분 휴식하기, 10페이지 공부하고 문제 풀이를 마치고 나서 자리에서 일어나기, 30분 게임 시간 지키고 바로 중단하기 등 아이가 직접 실천할 수 있는 명확한 행동 목표나 학습 목표를 세우도록 하고 이를 지켜나가도록 교육한다면 작은 성공 경험이 모여 큰 사회적 성공 경험으로 이어질 수 있다.

이때 적절한 보상은 성공 경험을 쌓는 데 도움이 된다. 아이가 스스로 결정한 공부나 행동에 성공하면 그 보상 차원에서 부모가 아이와 함께 서점에 가서 아이가 원하는 책을 구입할 수 있도록 하는 식이다. 이때도 천천히 시간을 들여 서점을 돌아다니면서 스스로 책을 찾고 선택한 책을 상품으로 선물해주는 것이 더 큰 효과가 있다. 아이는 자신이 선택한 책이기에 더 시간을 들여 정성스레 읽을 것이다. 부모가 서점에서 책을 잔뜩 사 와서 아이에게 선물이라고 주는 것은 적절한 보상이 아니다.

최근 수능을 앞둔 시기에 ADHD 진단이 증가한다는 기사를 본 적이 있다. ADHD 치료약이 아이가 공부하는 데 집중력을 높여준다고 소문이 나서 생긴 일이다. 더 큰 문제는 고등학생뿐만 아니라 초등학생까지 이러한 약물을 오남용하는 사례가 늘고 있다는 점이다.

물론 ADHD는 약물 치료와 심리 치료를 병행해야 한다. 그러나 아이를 책상에 오래 앉혀놓고 공부 시키려는 수단으로 약을 쓰는 것은 매우 위험하다. 아이가 약을 먹고 책상에 앉아 오래 공부하는 것으로 보일 수는 있으나 실제로는 약물 작용으로 인해 뇌 활성도가 떨어지고 정작 활발한 인지 작용을 해야 할 상황에서는 효과가 없다. 심지어 부작용으로 수면장애나 소화장애 등이 발생할 수 있으니 주의해야 한다.

학교 공부와 높은 성적을 달성하도록 하는 것이 교육의 전부는 아니다. 아이가 인생을 살아가면서 필요한 많은 경험을 쌓아가고 긍정적으로 변화하고 자기주도적으로 나아가도록 돕는 것이 교육이다. 학교에서 교과에 바탕을 둔 지식과 기능을 가르치는 것이 교육이지만, 더 큰 의미의 교육은 따로 있다. 아이가 자신의 인생을 책임지고 살아가는 지혜를 익히는 것 또한 중요하며 그 교육은 부모로부터 시작되고 아이와 함께하는 모든 과정이 교육이라는 점을 기억해야 한다.

선행학습, 속진학습
심화학습

"학원에서 미리 선행학습을 해서 학교 공부가 재미없다네요."

"6학년인데 수학을 잘하니 미리 중학교 공부시켜도 될까요?"

"주위 아이들이 다 선행학습 마치고 학교에 간다고 해요."

"혹시 우리 아이만 뒤처지는 거 아닐까 걱정돼요."

"누구누구는 올림피아드 준비하고, 경연대회도 나간다는데…."

선행학습을 하는 주변 엄마들 얘기를 듣다 보면 왠지 우리 아이만 뒤처지는 것 같아 속상하다. 그렇다고 선행학습을 시키면 학교에 가서 수업이 재미없고 지루하다고 할 테니, 무엇이 좋은 공부법인지 몰라 답답하다. 부모의 걱정과 한숨 속에 아이는 아이대로 학업 스트레스를 받고 성적은 쉽게 오르지 않는다면 생각해볼 것이 있다.

먼저 모든 아이가 똑같은 재능을 타고나지 않으며, 똑같은 속도로 학습하고 성장하지 않는다는 점을 인정해야 한다. 지적 능력이나 재능, 노력 여하, 공부하는 방식이 모두 다름을 인정해야 한다. 심지어 형제간에도, 일란성 또는 이란성 쌍둥이라도 지능과 성격이 다르고 공부 속도나 발달 속도가 다름을 인정해야 스트레스를 줄일 수 있다. 다른 집 아이와 혹은 형제간에 비교를 하다 보면 부모나 아이 모두 박탈감과 불안감을 갖게 된다.

다중지능이론가인 하버드대학 하워드 가드너* 교수도 "한국 사회는 아이들이 말하기 시작하면 바로 학원부터 보내서 모든 아이를 공부 잘하는 1등으로 만들고 싶어 한다"라며 비판했다. 가드너는 서구 사회가 오랫동안 합리적이고 똑똑한 지식인을 선호하는 '지능중심사회'였고, 타고난 지능 영역이 저마다 다름에도 불구하고 언어와 논리수학 영역만 중시한 학교교육이 계속되었다고 지적하였다. 그러면서 다른 여러 지능은 계발되기 전에 조기에 사장되는 경우가 많

---

* 의사이자 심리학자로 다중지능이론을 제시했다. 다중지능이란 인간의 지능은 서로 독립적이며, 언어·논리수학·공간·신체운동·음악·대인관계·자기이해·자연친화 지능의 유형으로 구성된다는 이론이다.

기에 자신의 지능 영역을 잘 인식하고 계발하는 것이 중요하다고 강
조하였다(다중지능에 대한 자세한 이야기는 128쪽에서).

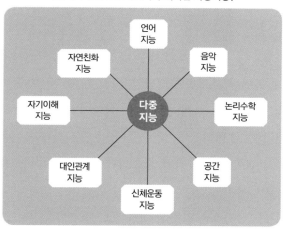

〈심리학자 하워드 가드너가 제시한 다중지능〉

　　노벨상을 받은 사람이나 탁월한 업적을 남긴 사람들이 모두 지능
이 뛰어나거나 학교에서 전교 1등을 줄기차게 차지한 것은 아니다.
노벨상을 수상하는 연령대도 30대 초반이거나 대부분 60~70대가
되어서야 받는 2가지 유형이 있듯이 사람의 발달 수준은 정말 제각
각 다르게 타고나기도 하고 만들어지기도 한다. 중요한 것은 자신의
발달 수준에 적합한 공부를 하는 것이다.
　　우리나라는 학생들의 공부에 대한 성과와 학습 동기가 참 독특한

편이다. 국제학업성취도비교는 3년마다 만 15세 학생을 대상으로 읽기, 수학, 과학 능력을 평가한다. 여기서 나타난 한국 학생들의 특징을 통해 내 아이는 어떤지를 살펴볼 수 있다.

2018년 PISA 결과에서 한국 학생들은 다른 나라에 비해서 대체로 성적이 좋은 편이었다. 그러나 성적이 평균보다 우수한 학생은 소수 증가했으나, 평균 이하의 매우 미흡한 수준의 학생 수(특히 남학생)가 크게 증가한 것으로 나타났다. 그리고 2012년도에 비해 성적이 전반적으로 떨어졌으며, 성별로는 여학생이 남학생보다 점수가 모두 높은 것으로 나타났다. 다시 말해, 공부를 잘하는 아이와 못하는 아이의 간격이 더 벌어지고 있고 여학생에 비해 남학생의 실력이 상대적으로 낮아지고 있다는 사실을 알 수 있다.

여기서 더 큰 이슈는 학습에 대한 흥미와 즐거움, 동기와 자기효능감(Self-efficacy)*의 수준이 다른 국가에 비해 최하위라는 것이다. 내가 왜, 무엇을 위해 공부해야 하는지, 왜 학교에 가야 하는지를 모르겠다거나 불행하다고 한다. 새로운 것에 대한 흥미가 떨어지고,

---

* 　　자신이 어떤 일을 성공적으로 수행할 능력이 있다고 믿는 기대와 신념을 뜻하는 심리학 용어다. 이는 개인의 존재가치보다는 능력에 관한 판단과 믿음이라는 점에서 자아존중감(Self-esteem)과 구별되며, 성공 또는 실패 경험을 통해 강화되거나 약화될 수 있다. 따라서 쉬운 과제로 성공 경험을 쌓고 점진적으로 과제 난이도를 높여가는 방식으로 자기효능감을 키울 수 있다.

배우는 즐거움이나 공부를 지속하려는 추진력도 떨어진다. 자기 스스로 '난 공부를 잘할 수 있어'라는 자기효능감도 낮다는 것이 현재 우리 아이들에게 나타나는 현상이다.

그리고 성적이 뛰어난 아이조차 지적 호기심으로, 새로운 것을 배우는 것이 즐겁고 좋아서 공부하는 것이 아니기 때문에 언제든 쉽게 그만두기도 한다. 결국 고등학교 때까지 열심히 공부하다가 대학에 들어가자마자 공부에서 손을 놓아버리는 학습조로증, 학습번아웃증을 겪게 된다.

〈2018년 대한민국 국제학업성취도비교 결과〉

구분	2012	2018	성별	학습 동기
읽기	1~2위	3~8위		
과학	2~4위	5~8위	여학생 > 남학생	흥미와 즐거움, 동기와 자기효능감이 낮음
수학	3~5위	6~9위		

특히 미래 사회는 학교 다니는 기간에 일방적으로 주어지는 지식만을 습득하는 시대가 아니다. 빠른 변화에 잘 적응하기 위해서는 자기주도적으로 평생 끊임없이 공부해야 하는 평생학습의 시대다. 우리 아이가 지적 호기심을 가지고 새로운 지식을 탐구하고, 즐겁게 새로운 것을 알아가고, 자신의 현재 수준보다 더 높은 수준으로 성

취해가는 기쁨을 알도록 이끄는 것이 공부의 진정한 목적이 되어야 한다.

이를 위해 모든 아이는 재능에도 발달 속도에도 개인차가 있음을 인정해야 한다. '남들도 다 하는데' '왠지 뒤처지는 것 같아서' '학원에서 선행학습을 추천한다고' '특목고 진학을 위해' '올림피아드에서 좋은 수상 실적이 필요해서'와 같은 이유로 접근하는 것은 한계가 있음을 알아야 한다.

만일 아이가 현재 학교 진도를 따라가기 어려워한다면 억지로 선행학습을 시켜서는 안 된다. 선행학습을 시키는 이유가 부모의 자기만족이 돼서도 안 된다. 정작 학원에서도 상위 소수 학생만 수업 진도를 제대로 따라간다. 그렇지 못한 대부분의 학생은 쉽게 공부에 흥미를 잃고, 그저 학원만 왔다 갔다 하면서 만족하는 '학원 순례족'이 될 수 있고, 시간과 비용만 낭비하는 셈이다.

선행학습, 속진학습, 심화학습을 제대로 알고 넘어가야 한다. 먼저 선행학습이란 아이의 공부 수준을 정확히 진단하기에 앞서 현재 학년보다 상위 학년의 과목을 미리 공부하는 것이다. 이렇게 되면 학교 수업에서 흥미를 잃기 쉽고, 해당 학년 공부가 부실해져서 다음 학년 공부에도 나쁜 영향을 미친다. 마치 병원에서 질병을 정확히 진단하지 않은 채 과도한 약물 처방을 하는 것과 같다. 아이도 부모도 힘들게 만드는 것이 선행학습이다.

다음으로 속진학습이란 아이가 해당 학년의 교육과정에서 어느 특정 과목 또는 전 과목에 걸쳐 학습 속도가 빠른 편이라 상위 학년의 과목으로 월반하거나 전문가의 심의를 거쳐 속진 수업을 제공하는 것을 말한다. 다시 말해 아이의 지적 수준에 맞춤형 수업을 제공하는 것으로 조기 입학, 조기 진학, 조기 졸업 등이 있다. 애플의 스티브 잡스는 모두 6개 학년을 월반한 경험이 있다. 그러나 우리나라 일반 학교의 공통교육 과정에서 이 제도가 존재하지만 절차가 까다로워 쉽게 적용하기는 어렵다.

마지막으로 심화학습은 해당 학년의 교육과정 범위 내에서 일반 수업보다 좀 더 풍부하고 다양하게 실험실습, 탐구활동, 현장체험학습, 진로탐색 및 체험활동 등의 풍부한 교육 경험을 할 수 있도록 보다 넓고 깊게 학습하는 것이다. 심화학습은 교육자들이 이상적으로 생각하는 방법이다. 관심 분야를 보다 깊고 폭넓게 학습하여 진정한 공부의 재미를 느끼고 성취를 이루는 것이다. 흔히 '덕후'라고 불리는 아이들이 하는 학습 방법이기도 하다. 심화학습을 하다 보면 자연스럽게 난이도가 더 높은 부분도 접하게 되어 일부 선행으로 나아가기도 한다.

선행학습이 사교육을 통해 가장 쉽게 접할 수 있고 많이 사용되는 방법이다. 선행학습은 어떤 학생들에게 적합할까? 일단 학교와 학원의 진도를 모두 소화할 수 있는지 따져보아야 한다. 두 곳의 진도가 다를 경우 우선순위를 어디에 둘 것인가 생각해봐야 한다. 학교 성취도 평가나 수행평가 등에서 일정 수준의 성적을 얻지 못한다면 학원의 선행 진도를 과감히 포기하는 것이 맞다. 중학생이라면 절대평가 등급을 활용할 수 있을 것이고, 초등학생이라면 담임선생님과 의논해보는 것도 한 방법이다. 아이가 수업 시간에 수행하는 것을 지속적으로 관찰한 선생님이 더 객관적인 정보를 줄 수 있을 것이다. 선행학습을 하고 있어도 학교 수업에 적극적으로 참여하고 해당 학년 평가에서 일정 수준의 성적을 거둔다면 그 학생은 선행학습을 계속하는 것도 여유 있는 학습을 위해 도움이 될 것이다.

많은 부모가 아이가 학교에서나 사회에 나와서 잘하고 좋아하는 일을 할 수 있도록 지원해주고 싶어 한다. 그러나 그 마음과 다르게 부모의 욕심, 조바심이나 만족을 위해 시간과 돈을 낭비하며 아이를 학원에 보내는 것은 아닌지 생각해봐야 한다.

미래로의 변화,
속도보다 방향

"바뀌는 게 얼마나 많은지, 뭐가 뭔지도 잘 모르겠어요."

"학교 교과과정이 통합된다고 하는데, 어떻게 해야 하죠?"

"입시제도가 또 바뀐다는데, 우리 아이 어떻게 해야 할까요?"

"미래직업이 많이 바뀐다고 하는데, 교육은 어떻게 되나요?"

학교의 반모임, 학원이나 입시 설명회를 가보면 공통적인 화제는 해마다 바뀌는 대학 입시제도와 자녀 교육이 주를 이룬다. 방송에서는 세계적으로 이미 '지능정보화시대'가 시작되었다고 하면서 인공지능, 로봇 등으로 직업 세계도 예상치 못할 큰 변화가 있을 거라고 한다.

　4차 산업혁명을 선언한 세계경제포럼*이나 OECD의 '교육 2030 프로젝트'에서는 현재 중학교에 다니는 학생이 졸업 후 사회에 진출하는 시기인 2030년에 필요할 혁신역량과 이를 키울 수 있는 교육 시스템에 대해 고민하면서 미래 사회에 잘 적응하기 위한 혁신역량으로 창의력, 융합력, 자기주도력, 공감협업력을 꼽았다. 게다가 OECD는 평생학습을 위해 현재 학교교육 중심의 교육체제는 개편해야 한다고 권장하고 있다.

　이에 우리나라 학교 교육제도도 큰 변화의 진통을 겪고 있다. 전통적인 문과와 이과의 구분이 점차 사라지고, 전국의 많은 중학교가 과정 중심 평가와 진로 체험과 탐색을 위한 자유학년제로 확대되고 있다. 이미 고등학교는 전통적인 물리·화학·지구과학·생물로 분리되었던 과학 과목이 통합과학으로, 지리·일반사회·윤리·역사가 통합사회로, SW교육이 정보 교과로 바뀌고 있다. 이에 2019년에는 국회에서 '과학교육진흥법'이 '과학수학정보교육진흥법'으로 개정되

＊　　　세계경제포럼(World Economic Forum, WEF)은 저명한 기업인, 경제학자, 저널리스트, 정치인 등이 모여 세계경제에 대해 토론하고 연구하는 국제민간회의다. 본부는 스위스 제네바에 위치하며 '세계경제올림픽'으로 불릴 만큼 권위와 영향력이 있는 유엔 비정부자문기구로 성장하면서 세계무역기구(WTO)나 선진 7개국 재무장관회의(G7) 등에 막강한 영향력을 행사하고 있다.

는 등 관련법이 바뀔 정도로 교육정책은 쉼 없이 변하고 있다.

그리고 이공계 선호도가 다시 높아지고 영재교육원, 영재학교 등 영재교육기관의 선발 제도와 교육과정이 창의력과 융합력 중심의 교육으로 바뀌었고, 수시와 정시의 대입제도 비율도 바뀐다고 한다.

기업도 마찬가지다. 지난 20년간 유지해온 삼성의 입사 제도는 4단계에서 5단계로 늘어나면서 과거에 요구되던 지식과 스펙보다는 창의력과 융합력, 인성을 중점적으로 살펴보는 창의성 면접이 새로 추가되었다.

대학도 변하고 있다. 불과 몇 년 전까지만 해도 100만 명이었던 대입 수험생이 현재 50만 명으로 줄었고, 2025년에는 25만 명으로 줄어드는 '인구절벽' 현상이 가속화됨에 따라 대입제도뿐만 아니라 학교교육도 크게 바뀔 것이다. 이미 엄격한 평가 기준에 따라 많은 대학이 폐교를 앞두고 있다.

이제 지식을 넘어 지능이 강조되는 시대가 되었다. 불과 40년 전, 미래학자 앨빈 토플러는 과거 군사력과 경제력이 지배하던 사회에서 앞으로는 지식이 지배하는 사회가 될 것이라고 강조하였다. 그의 저서인 『제3의 물결』 『미래의 충격』 『부의 미래』 등을 읽으며 더 나은 미래를 준비해왔던 것이 불과 얼마 전이었다. 그동안 우리는 수업 시간에 교과서에 적힌 개념을 외우고, 반복적으로 문제를 풀며 개념을 익혔다. 그리고 누가 더 많이 지식을 외우고 알고 있는가를 평가받던 교육평가 시스템 안에서 성장했다. 오죽하면 서울대에서 지난 30년간 성적을 잘 받는 비결로, 교수의 토씨 하나, 농담 하나도 놓치지 않고 노트에 적어 암기하고 시험지에 그대로 적어내면 된다는 웃기고도 슬픈 이야기가 있을 정도다.

이제는 인공지능, 빅데이터, 클라우드 컴퓨팅, 사물인터넷, 유전자조작, 자율주행차 등의 과학용어가 뉴스나 인터넷을 통해 익숙하게 들리는 시대다. 4차 산업혁명시대를 선언한 세계경제포럼에서 '직업의 미래'라는 놀라운 보고서를 발표하면서 큰 이슈가 되었다. 이 보고서에서는 현재의 직업군이 10년 뒤에 750만 개가 사라지고 지금까지는 생각하지도 못했던 새로운 직업군이 250만 개 생길 것이며, 로봇이 육체노동 시장뿐만 아니라 펀드매니저, 기자, 변호사, 의사, 소설가, 작곡가, 미술가 등 인간의 정신노동 분야까지 대체한다고 예측했다.

더욱 충격적인 사실은 10년 안에 사라지는 750만 개의 일자리 가운데 절반 이상을 차지하는 직업군이 화이트컬러다. 우리나라 아이들의 희망 직업 1위인 공무원 등이 이에 속한다. 지금까지 정해진 법과 규정 안에서 반복하여 숙달된 사무·행정 업무를 주로 해왔던 사무·행정직(475만 개)이 사라진다는 충격적인 사실이다. 다음으로 제조·생산·건설·채굴직(219만 개)이고, 이어서 예술·디자인·스포츠계(15만 개), 법률직(10만 개)이 큰 비중을 차지하고 있다.

다음은 국내 한 경제지에 게재된 기사다.

코스피가 전날보다 4.92포인트(-0.27%) 하락한 1840.53포인트로 거래를 마쳤다. 이날 개인과 외국인이 각각 287억 원, 2971억 원어치를 동반 순매도하며 지수 하락을 이끌었고 기관은 3120억 원을 순매수했다.

얼핏 보면 당일 주식 현황을 소개한 기사이겠거니 하고 지나칠수도 있다. 그러나 이 기사를 쓴 기자가 누군지 알면 놀랄 것이다. 이기사는 'IamFNBOT'이라는 이름의 로봇이 쓴 것으로, 로봇은 주가와 스포츠 소식 등 방대한 통계자료를 빠르게 분석하여 기사를 쓰도록 설계됐다. 스포츠 분야로는 평창올림픽에서도 인공지능의 로봇기자들이 실시간으로 선수의 다양한 빅데이터를 활용하여 기사를 세계에 전송한 바 있다.

한편 인공지능이 쓴 소설이 일본의 SF 문학상을 수상하기도 했다. 심사위원들이 '컴퓨터가 쓴 문장이라고는 생각되지 않았다'라고 할 만큼 매끄럽고 섬세한 문장을 구사한 것은 놀라운 일이다. 이제 인공지능은 인간의 전유물이자 감성의 집결체로 불리는 문학과음악 분야에까지 거침없이 영역을 넓혀가고 있다. 인공지능이 베토벤의 교향곡을 분석하여 얻은 140여 개의 패턴을 활용하여 새로운 교향곡으로 만들어냈는데, 평론가들은 음악적 완결성이 높고 훌륭하다고 평가했다. 페이스북(Facebook)의 설립자 마크 저커버그도 "앞으로 10년 뒤 전 세계는 인공지능과 새로운 컴퓨터 플랫폼이 가상현실(VR)과 증강현실(AR)로 연결될 것"이라고 하면서 미래 사회는 '초연결'이 더욱 강화된 사회가 될 것이므로 지금부터 10년 후의 미래를 준비하는 방향으로 교육이 바뀌어야 한다고 강조하였다.

사람과 사람이 연결되고, 사람과 사물이 연결되는 초연결의 융합 시대를 맞아 기존 직업 세계의 흥망, 학교교육의 변화 등을 살펴보면서, 미래를 살아가야 할 우리 아이의 교육을 준비해야 한다.

중요한 점은 이제 학교교육에만 의존할 수 없다는 것이다. 학교의 변화는 더딜 수밖에 없는 구조이기 때문이다. 미래학자 앨빈 토플러는 '조직 간 속도의 충돌로 많은 문제가 발생할 것이며, 이로 인해 미래의 부도 달라질 것'이라고 『부의 미래』에서 밝혔다. 즉, 변화의 속도에 적절히 대응하는 조직일수록 미래 부의 크기가 달라진다고 강조하였다. 대응에 가장 빠른 조직은 기업으로, 그 속도를 100마일로 친다면, 학교는 10마일 정도에 해당하며 법과 제도는 가장 더딘 1마일이라고 말했다. 가장 빠르게 대응하는 기업이 부를 독차지하는 것은 당연한 결과라고 하였다.

많은 미래학자와 교육학자가 인공지능과 로봇은 이미 우리 곁에 성큼 다가와 있으며 인류는 컴퓨터나 로봇으로 대체 불가능한 인간

고유의 창의력과 융합력을 발휘해야 한다고 강조하고 있다. 기존의 단순 지식을 뛰어넘는 창의융합형 인재의 시대가 올 것이라는 점은 미래교육에도 시사하는 바가 크다.

중요한 것은, 방향 설정도 없이 그저 빠르게 달려가려는 속도가 아니라, 어느 방향으로 나아갈 것인지를 결정하는 일이 우선이라는 점이다.

2장

미래를 리드할 아이에게
꼭 필요한 혁신역량

**부모와 아이가 함께
성공하는 미래교육 전략**

미래 변화
제대로 따져보기

"4차 산업혁명의 시대라고 하는데, 왜 혁명이라고 하나요?"

"인공지능, 로봇, 자율주행차, 유전자조작… 괜찮을까요?"

"정말 인공지능이 인간의 일자리를 대체하나요?"

"SW, AI를 초등학교부터 가르친다고 하는데, 학원에 보내야 할까요?"

"미래 사회가 되면 더 행복해지나요? 불행해지나요?"

많은 전문가가 지금을 4차 산업혁명시대 또는 지능정보화사회라고 강조하지만 그들도 각자의 전공 분야를 중심으로 '장님 코끼리 만지기 식'으로 말할 뿐이다. 세상이 급변한다는 것은 부정할 수 없는 현실이지만, 변화의 방향이 어디로 향할 것인지 다들 다르게 이야기한다.

4차 산업혁명은 어느 날 갑자기 시작된 변화가 아니다. '4차'라는 숫자에서도 알 수 있듯이 이미 3차에 걸친 산업혁명이 있었다는 것을 짐작할 수 있을 것이다. 인류는 250여 년 전부터 이어진 세 차례 산업혁명을 잘 활용했고 오늘날 4차 산업혁명의 시대에 진입했다는 의미다.

여기서 변화가 아닌 '혁명'이라고 부르는 데는 이유가 있다. 사실 지금까지 겪어보지 못했던 새로운 문제와 딜레마는 늘 있어왔다. 이를테면 전염병, 지구온난화, 기후변화, 에너지 고갈, 유전자조작 말이다. 그러나 인류는 언제나 그랬듯 어떤 변화와 갈등, 딜레마를 해결해내며 발전해왔다. 이 변화가 축적되어 정점에 이르면 질적으로 완전히 다른 혁신적인 변화가 일어나는데, 우리는 그것을 정치적인 체제 전복과 같다고 하여 '혁명'이라고 부른다. 혁명은 어느 날 갑자기 시작되는 게 아니며 작은 변화가 폭발적으로 축적된 결과다. 다음의 표를 통해 세 차례의 산업혁명을 간단히 살펴보자.

1차 산업혁명은 1784년 영국의 왓슨이 발명한 증기기관이 변화의 원동력이 되었다. 인간의 힘에서 소나 말과 같은 가축에 의지하던 산업은 증기기관의 등장으로 더욱 빠르고 강력하게 움직이게 되었으며 증기기관은 배와 기차, 공장으로 들어가 인류는 에너지와 기

〈산업혁명의 구분과 의미〉

1차 산업혁명	2차 산업혁명	3차 산업혁명	4차 산업혁명
18세기	19~20세기	20세기 후반	21세기 초반~
증기기관 기반의 기계화 혁명	전기에너지 기반의 대량생산 혁명	컴퓨터와 인터넷 기반의 지식정보 혁명	빅데이터, AI, IoT 등의 정보기술 기반의 초연결 혁명
영국 섬유공업의 거대산업화	컨베이어 시스템을 활용한 대량 생산	미국 주도의 글로벌 IT 기업 부상	산업구조, 사회 시스템 혁신

계를 본격적으로 이용하기 시작했다. 이를 잘 활용한 영국은 부를 축적하면서 식민지를 개척해나갔다. 세계 어디를 가나 영국의 깃발이 펄럭인다고 하여 '해가 지지 않는 나라'라는 별명을 얻은 것이다.

　2차 산업혁명은 전기가 대중화되고 내연기관의 자동차가 등장하면서 시작되었다. 전기와 산업화의 상징인 컨베이어 시스템이 도입되면서 공장에서 대량생산이 가능해졌다. 이로 인해 보다 풍요로운 대량소비시대로 접어들었고 자동차의 등장으로 대도시는 더욱 멀리 확장되었다. 미국은 이 시점을 계기로 세계적인 경제력, 외교력, 군사력 등을 확장해나갔다.

3차 산업혁명은 인터넷의 등장에서 시작되었다(1969). 그리고 IBM과 같은 거대한 비즈니스용 컴퓨터와 애플이 개발한 개인용 컴퓨터(PC)의 등장으로 폭발적인 정보의 확장이 일어났으며 공장에 로봇과 자동화 시스템이 도입되었다. 한편 게놈(Genome) 프로젝트를 통해 인간 유전자지도가 밝혀지는 등 과학기술의 진보도 함께 이루어졌다.

4차 산업혁명은 2016년 세계경제포럼에서 새로운 '4차 산업혁명의 시대'를 선언하면서 시작되었다. 4차 산업혁명을 대표하는 3가지 특징은 다음과 같으며 이를 'ABC 혁명'이라고도 한다.

① 인공지능(Artificial Intelligence, AI)

인간의 지능을 컴퓨터로 구현하는 것을 인공지능이라 한다. 과거와 같이 인간이 입력한 프로그램대로 작동하는 것이 아닌, 사물(컴퓨터, 로봇, 드론 등)이 스스로 자기학습하여 자신의 지능을 발달시킬 뿐만 아니라, 사물 간에도 서로 실시간 네트워크로 연계되어 있는 것을 인공지능이라고 한다.

② 빅데이터(Big Data, BD)

기존의 데이터 베이스로는 처리하기 어려울 정도로 방대한 양의 데이터를 의미한다. 빅데이터 기술의 발전은 다변화된 현대 사회를 더욱 정확하게 예측하여 효율적으로 작동케 하고 개인화된 현대 사회 구성원마다 맞춤형 정보를 제공하며 관리와 분석이 가능하게 하며 과거에는 불가능했던 기술을 실현시키는 자원이다.

③ 클라우딩 컴퓨터(Clouding Computer, CC)

눈앞에 존재하는 물리적인 컴퓨터나 서버가 아닌 가상의 거대한 클라우딩 컴퓨터가 등장하면서 언제, 어디서나, 누구나 쉽게 대용량으로 활용할 수 있게 되었다.

이러한 3가지 물질이 서로 연결되고 융합하여 4차 산업혁명을 빠르게 주도하고 있는 것이다. 이렇게 사람과 사람이, 사람과 사물이, 사물과 사물이 서로 복잡하고 다양하게 네트워크로 초융합하여 연결되어 있는 사회. 그 연결의 중심에는 스마트폰과 같은 디지털 기기가 있다. 그래서 4차 산업혁명을 미국 등에서는 '디지털융합시대'라고 부르기도 한다.

과거에는 사람이 기계나 로봇, 컴퓨터를 작동하기 위하여 프로그램을 입력하면 입력한 대로 기계와 사물이 작동했지만, 이제는 인공지능으로 스스로 학습하고 프로그래밍하며 사람을 닮아가는 휴머노이드로봇도 등장하고 있다. 물리적 현실 세계와 가상 세계가 하나의 네트워크로 초연결되는 시대로 변하고 있다.

인류 문명을 진보시킨 최고의 사람들에게 주어지는 노벨상의 6개 가운데 3개가 과학기술 분야다. 과학기술의 발달은 새로운 문화와 질서를 만들고, 새로운 사회로 나아가는 원동력이 되었다. 예를 들어 불과 250여 년 전만 해도 말과 소로도 충분히 에너지를 활용했던 시대에서 증기기관의 등장으로 산업화되기 시작했다. 전기의 등장과 석유를 활용한 내연기관 자동차의 발달은 도시와 산업을 더욱 확대 발전시키는 중요한 원동력이 되었다.

그런데 산업혁명을 주도하였던 내연기관 자동차가 생산과 판매가 중단되리라고 누가 예측했겠는가? 2025~2040년에는 프랑스와 영국뿐만이 아니라, 중국과 일본에서도 내연기관 자동차의 생산과 판매를 중단하는 법이 제정되고 이를 대체할 새로운 자동차를 개발하여 시험 운행 중에 있다. 게다가 자율적으로 운전하는 자율주행차가 발전하면 이제는 인간이 운전을 하면 불법이 될지도 모르는 사회가 될 것이며, 지금의 도로와 교통신호 시스템은 자율주행차에 맞게 새로운 모습으로 변하고 도시의 모습 또한 변화할 것이다.

기계학습과 사람과 사물 간에 실시간으로 연결되어 있는 네트워크를 통해 지능을 발달시켜나가는 인공지능이 세상의 모든 사물과 연결되어 이제는 산업 분야뿐만 아니라 의학, 스포츠, 방송언론 등 다양한 분야로 확장하면서 새로운 융합 세계를 만들어가고 있다. 예를 들어 인간 고유의 감성과 창작 활동으로 여겨졌던 문화예술 분야가 이제는 단순한 모방 수준을 넘어서 인간의 창작품과 구분이 어려울 정도로 발달한 것이다.

인공지능이 인간의 능력을 넘어서는 영역은 다양하다. 유명 작가의 그림 가운데 사람들이 좋아하는 패턴을 찾아내 새롭게 창작한 그림, 모차르트의 오페라 패턴을 분석하여 재편곡한 오페라, 사람들이 가장 많이 검색한 영상을 재편집해 제작한 동영상을 마주한 사람들은 놀라움을 감추지 못했다. 그뿐만 아니라 인공지능 기자는 지난 100년의 증권시장을 분석하여 오늘의 증시 현황을 예측하거나, 스포츠 경기가 시작되자마자 해당 팀과 선수의 승률을 분석해서 기사를 쓰기도 한다. 지난 100년간 출간된 의학서와 저널 등을 학습해 환자를 진단하는 인공지능 의사나 24시간 지치지 않고 불평할 줄 모르는 인공지능 가사 도우미는 이미 현실화되었다.

한편 4차 산업혁명시대에도 3차 산업혁명을 선도했던 국가가 그 성공을 기반으로 계속 선도해나갈까? 아니면 압축적 경제성장을 이루며 첨단 테크놀로지로 무장한 국가들이 치고 나갈까? 예를 들면 내연기관 자동차를 선도적으로 발전시킨 기업이나 국가가 새로운 전기자동차, 자율주행차 분야에서도 계속 선도해나갈 것인지, 아니면 중국처럼 중간 발달 과정은 생략하고 바로 전기자동차, 자율주행차 분야에 뛰어들어 새롭게 선도할 것인지는 감히 예측하기 어렵다. 이러한 사례는 지금 이슈가 되고 있는 초연결 인터넷 네트워크, 암호화폐, 블록체인 등에서도 찾아볼 수 있다.

우리나라도 4차 산업혁명을 통한 패러다임의 전환이 오히려 새로운 기회로 작용할 가능성이 높다고 할 수 있다. 세계경제포럼에서 발표한 4차 산업혁명의 지속성장가능성 순위에서 우리나라는 19위를 차지했다. 그러나 우리나라는 언제든 4차 산업혁명 패러다임의 핵심 국가로 성장할 잠재적 DNA를 충분히 갖추고 있다. 대한민국은 부족한 천연자원, 오랜 일제강점기와 한국전쟁으로 1960년대에는 1인당 GNP가 고작 100달러로 최빈국을 겨우 벗어난 정도였다. 해외 차관과 원조를 받던 대한민국은 이제 세계경제 10위권의 국가가 되어 '원조받던 나라'에서 '원조하는 나라'로 발전했기 때문이다.

이러한 발전의 근간에는 교육이 중요한 역할을 하였다. 과거 부모들은 보릿고개를 넘는 척박한 환경에서도 자녀 교육만은 포기하지 않았다. 많은 부모가 자녀를 위해서라면 눈물이 나지만 소를 팔아서라도 대학에 보냈다. 오죽했으면 학문과 대학을 표현하는 상아탑(象牙塔)이라는 말 대신 우골탑(牛骨塔)이라고 했을까. 이처럼 뜨거운 교육열과 교육 풍토가 4차 산업혁명이라는 급격한 패러다임의 전환에도 빠르게 적응할 수 있는 우리의 DNA가 될 것이다. 사회의 혁신을 주도하는 것은 인간이며, 인간을 혁신하는 가장 빠른 길은 교육이기 때문이다.

미래교육의 변화
특징 3가지

— 택시 한 대 없으면서도 세계 최대 택시회사를 만든 우버(Uber)

— 호텔 하나 없으면서도 세계의 여행자들이 가장 많이 찾는 숙박
  업소 에어비엔비(airbnb)

— 백화점이나 슈퍼마켓 하나 없어도 온라인 세계 최대 전자상거
  래 유통업체가 된 아마존(amazon)

— 대학 캠퍼스 하나 없지만 세계 최대 수강생이 참여하는 대학 무
  크(MOOC)

— 자체 제작한 동영상 콘텐츠 하나 없이도 세계 최대의 동영상 콘
  텐츠가 업로드되는 유튜브(YouTube)

불과 10년 전만 해도 공유경제의 비즈니스 세계가 이렇게 거대해지리라고 누가 상상했겠는가?

컴퓨터 전공자가 어렵게 공부한 테크놀로지가 6개월만 지나면 어느새 낡은 지식이 되어버려, 새롭게 등장한 첨단 테크놀로지를 다시 공부해야 할 정도로 빠른 속도로 변하고 있다. 이에 대응하기 위해 정부나 방송언론매체, 기업과 대학 등에서는 각종 위원회를 신설하고 포럼과 세미나, 워크숍 등을 활발하게 진행하고 있다.

전 세계는 실시간으로 초연결되고 변화는 더욱 빠르게 진행되고 있다. 이는 디지털 가상 세계뿐만 아니라 현실 세계의 금융 위기나 코로나바이러스와 같은 질병도 순식간에 전 세계로 확산되는 결과를 낳았다.

〈공유경제 비즈니스를 선도하는 글로벌 기업〉

교육 분야도 마찬가지다. 고도의 지능정보화시대에 대비하기 위한 교육혁신 방안을 두고 논쟁이 활발하다. 미래교육에 대한 다양한 논쟁을 잘 살펴보면 다음과 같은 3가지 공통점을 발견할 수 있다. 이를 통해 미래를 살아갈 우리 아이들을 위한 교육 방향을 찾을 수 있을 것이다. 교육이 잘못된 방향으로 놓인 선로 위에서 무작정 빨리 달리는 기관차가 되어서는 안 될 일이다.

첫째, 세계경제포럼이나 OECD는 미래를 위한 역량으로 '창의력'과 '융합력'을 공통적으로 꼽았다. 이제는 인공지능, 로봇과 공존해야 하는 세상이다. 이제 인간은 인공지능과 로봇이 갖추기 어려운 새롭고 적절한 아이디어를 창출하는 창의력과 서로 다른 분야와 연결하고 합하는 융합력이 미래교육에서 계발시켜야 할 핵심역량이라는 점이다.

둘째, 지금과 같은 교육 시스템으로는 미래교육에 대응할 수 없다는 것이다. 오죽하면 "19세기 교실에서 20세기 교사가 21세기 학생들을 교육한다"는 말이 있을 정도다. 많은 돈을 들여 교실을 리모델링해도 학생들이 체감하는 변화는 크지 않으며, 교과서는 아무리 최신 자료를 반영한다고 해도 막상 학생들이 공부할 때는 이미 낡은 자료가 되어버린다. 이미 인터넷으로 최신 정보를 접한 학생들의 학습 흥미를 높이기 위해서는 교사가 수업에 앞서 해당 주제에 맞는 새로운 자료를 찾아 학생들에게 제공해야 한다.

그러나 현실은 어떤가. 학교는 대량생산, 대량소비의 2, 3차 산업화 시대*에 적합하게 만들어진 표준화된 교실에서 표준화된 교육과정에 따라 교과서 내용을 전달하는 강의식 수업을 여전히 유지하고 있다. 그리고 잘 들었는지, 잘 외웠는지를 확인하는 정답 찾기 시험을 반복하고 있는 게 지금의 교육 현실이다.

새롭고 다양한 아이디어를 창출해야 하는 창의력과 다양한 과목을 융합하는 융합력이 요구되는 미래교육을 준비하려면 현재의 교육 시스템을 혁신해야 한다. 기존의 교수학습법, 정답 찾기 위주의 교육 시스템을 대대적으로 개선하는 일이 시급하고도 중요한 사항이다.

물론 학교는 본래 개선하기 쉽지 않은 구조를 갖고 있다. 그럼에도 불구하고 우리는 미래를 살아갈 우리 아이들을 위해 교육 시스템을 빠르게 혁신시켜야 한다. 예를 들어 중학교의 '자유학년제'를 들 수 있다. 자유학기제란, 자유 교과 및 창의적체험활동 등을 활용하여 주제 선택, 진로탐색, 예술·체육 동아리 활동을 하는 제도이다. 수업도 실생활 연계 주제 수업, 협력·소통 기반 문제해결학습, 교과 융합 수업 등으로 진행된다. 그리고 미래 역량 강화 프로그램을 개

---

*　　당시 미국의 교육과정을 구성할 때, 교육학자뿐만 아니라 실제 기업가도 참여하여 학교 교육과정을 설계·구성하였다.

발하여 학생들이 중심이 되어 활용할 수 있도록 한다. 특히 주제 중심의 교과 간 융합 수업은 여러 교과의 교사가 담당 교과의 핵심을 살리면서 다른 과목과 공통된 주제나 소재를 엮어 운영한다. 과거에 1시간에 1과목만을 가르쳤던 것을 이제는 필요에 따라 1과목을 필요한 시간을 엮어서 활용할 수 있도록 하는 블록 타임(Block time), 한 반에 한 교사가 가르쳤던 것을 여러 관련 교사가 참여하여 수업할 수 있도록 하는 코티칭(Co-teaching) 등을 활용한다. 그러나 여전히 교육 현장에서는 자유학년제가 안착되지 못한 채, 선생님은 수업을 어찌할지 몰라 당황하고, 학부모는 혼란스럽고, 중1 아이들은 학교와 학원에서 방황하고 있다.

셋째, 세계적으로 전통적인 학교 교실이 붕괴되고 혁신적인 학교와 교실, 교수학습법이 각광받고 있다는 점이다. 예를 들면 오바마 대통령 시절 백악관으로 초청되어 과학상을 받은 과학 영재 사례를 보면 알 수 있다. 집에서 핵융합을 성공한 테일러 윌슨과 인터넷으로 독학하여 한 방울의 피로 췌장암을 발견할 수 있는 진단 도구를 개발한 잭 안드라카가 있다. 안드라카는 옆집 아저씨가 췌장암으로 사망하는 것을 보고, 췌장암을 조기에 발견할 수 있는 방법을 연구하게 되었다.

이들 10대는 지적 호기심을 바탕으로 인터넷의 다양한 정보를 자기주도적으로 학습하고 창의융합한 사람들이다. 또 이들의 공통점

중 하나는 멘토가 있었다는 사실이다. 학교 교육과정을 제대로 받지 않은 어린 과학자들이 이메일로 보낸 연구 결과를 대부분의 대학 교수나 연구소는 무시했지만, 이들의 영재성을 발견하고 함께해준 멘토가 있었다.

세계적인 창의융합력연구소의 대명사로 꼽히는 스탠포드대학*의 D캠퍼스는 혁신적인 멘토와 24시간 오픈 공간을 갖추고, 인접한 실리콘밸리와 활발한 상호작용을 통해 세계의 창의융합교육을 리드하고 있다. 이 대학의 셰파트 교수는 "30년 전에는 교실 수업에서 전통적인 교재와 문제가 있었다. 그러나 이제 이런 식의 교육으로는 미래를 가르칠 수 없다"고 하였다. 창의적이고 전공의 칸막이를 없애는 융합교육만이 미래를 준비하는 혁신 교육의 답이라는 것이다.

그리고 최근 세계적으로 우수한 학생들이 입학하고 싶어 하는 미네르바스쿨은 온라인 인터렉티브 세미나 방식의 학습과 오프라인으로 진행되는 전 세계 주요 도시의 인턴 체험 등으로 창의융합교육을 선도하고 있다. 또한 세계적인 대학의 우수 강의와 다양한 분야의 교육 콘텐츠를 자유롭게 학습할 수 있는 무크(Massive Open Online

---

*   스탠포드대학은 학부생이 다양한 분야를 접하는 교육과정을 추구한다. 이는 스탠포드대학이 T자형 인재를 추구하기 때문인데, T자형 인재란 다양한 분야에 대한 교양을 두루 섭렵하면서 전공 분야는 깊게 파고들어 전문적 역량을 갖춘 인재를 의미한다.

Course, MOOC)와 TED 등이 미래교육을 혁신하고 있다. 특히 이러한 비대면 원격교육 시스템은 코로나의 여파로 빠르게 확산되고 있는 추세다. 우리나라에도 K-MOOC가 있긴 하나 여전히 전문가나 교수들이 자신의 교육 콘텐츠 공개를 꺼리거나, 대학 강의도 원격 콘텐츠를 한 학기에 20% 이하로 제한하는 규정으로 활성화되지 않고 있다.

"오늘의 학생을 어제의 방식으로 가르치는 것은 그들의 내일을 뺏는 것이다."

진보주의 교육학자인 존 듀이의 말을 되새겨볼 일이다.

노벨상 수상자의
성공 비결

"노벨상 수상자는 얼마나 대단한 사람들일까?"

"노벨상 수상자는 일반인과 무엇이 다를까?"

"노벨상 수상자는 학창 시절 어떻게 공부했을까?"

"노벨상을 수상하기까지 어떤 성공과 실패를 경험했을까?"

"일본이 거의 매년 노벨상을 받는 비결은 뭘까?"

매년 10월이면 세계의 이목이 집중된 가운데 인류 문명 발전에 크게 기여한 인물에게 세계에서 가장 권위 있는 상인 노벨상을 수여한다. 노벨상은 물리학, 생리의학, 화학, 평화, 문학, 경제학의 6개 분야로 나뉘며 그중 3개가 과학 분야다.

2020년 노벨상 수상자가 발표되었을 때 특이한 2가지는 수상하기까지의 연구 기간이 30년이라는 점과 2000년 이후 단독 수상자는 2명뿐이고 모두 융합 연구자가 수상했다는 점이다.

도대체 노벨상 수상자들은 어떤 사람일까? 지능과 창의력이 얼마나 높을까? 어떤 가정에서 어떤 교육을 받았을까? 어떻게 연구하고 노력했을까? 만약 우리가 노벨상 받는 사람의 개인적인 특성과 가정과 학교교육 등에 대해 알 수 있다면, 우리 아이에게도 좋은 교육 여건을 만들어줄 수 있지 않을까?

우리가 학문적으로나 사회적으로 성공한 사람들의 비결이 궁금하듯이, 심리학자들도 노벨상 수상자들에 대해 궁금한 점을 연구하고 있다. 심리학자들은 『타임』지가 발표한 '역사상 가장 큰 영향력을 끼친 100인'에서 2위를 차지한 뉴턴을 비롯해 의외로 과학 분야의 인물이 다수를 차지하고 있다는 점을 발견했다.* 게다가 '20세기 최고의 인물'로 정치지도자도 예술가도 대기업 회장도 아닌 과학자 아인슈타인을 선정한 것을 보고 노벨상을 수상한 과학자들에 대한 관심이 집중되었다.

노벨경제학상을 수상한 미국의 심리학자이자 경제학자인 허버트

---

* 　　과학자 다음으로 많은 수를 차지한 건 철학자였다.

사이먼 교수는 과학 분야의 노벨상 수상자에게 관심을 가지고 30년 간 연구했다. 이를 통해 수상자들의 4가지 공통점을 발견했는데 이는 ① 우연 ② 논리성과 직관 ③ 영재성 ④ 시대정신이라고 밝혔다. 그는 과학 분야 수상자들의 4가지 공통점이 모두 적절하게 잘 조합되고 통합되어 있다는 것을 심리학, 과학, 수학 분야의 다양한 데이터와 해박한 이론을 통해 검증하였다.

그가 꼽은 첫 번째 특징은 '우연'이다. 사과나무에서 우연히 떨어지는 사과를 보고 중력이론을 발견한 아이작 뉴턴,* 어느 날 실험실로 우연히 날아든 푸른곰팡이에서 병원성세균을 치료하는 항생제 페니실린을 발견한 알렉산더 플레밍, 전자를 금속에 충돌시키는 실험을 하다 투과력이 엄청난 X선을 우연히 발견한 빌헬름 뢴트겐, '꿈의 신소재'라는 그래핀(Graphene)을 흑연에서 처음 분리해낸 안드레 가임과 콘스탄틴 노보셀로프 등. 우리는 예상치 못한 방법이나 갑작스럽고 우연한 기회에 발견한 대단한 과학 이야기를 어렵지 않게 들을 수 있다.

그런데 여기서 잠깐 생각해보자. 정말 그들의 발견은 우연일까? 지금까지 전혀 생각하지도 못했는데, 어느 날 갑자기 고민하고 연구

---

*   뉴턴은 만유인력의 법칙뿐만 아니라 운동의 3가지 법칙을 발견했고, 수학적으로는 미적분학을 발달시키는 등 수많은 업적을 남겼다.

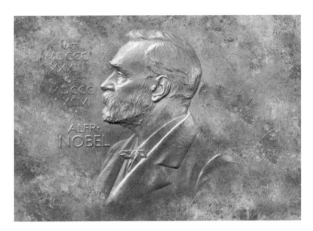

〈노벨상 메달 이미지〉

하던 문제를 해결할 수 있는 창의적인 아이디어가 그야말로 우연히, 갑자기 떠올랐을까? 많은 심리학자는 이 점에 대해 '아니요'라고 답한다. 화학자인 파스퇴르도 "우연은 준비된 마음에만 찾아온다"며 철저한 준비와 노력이 얼마나 중요한지를 강조했다.

창의성을 연구하는 학자들은 창의적인 문제해결 4단계를 밝혀 냈다. 먼저 문제가 무엇인지를 밝혀내는 '준비기'로 문제해결을 위한 준비를 거치는 단계다. 그다음 아이디어에 관해 충분히 고민하는 '부화기'를 거쳐 문제해결을 위해 아이디어를 내는 '발현기'에 이른다. 그러나 창의적인 아이디어는 단지 새롭고 기발한 데 그쳐서는 안 된다. 아이디어가 유용하고 가치가 있는지에 대해 '검증기'를 거쳐야 비로소 창의적인 아이디어라고 인정받는 것이다.

창의성을 연구하는 인지심리학자 와이즈버그 박사는 '10년의 법칙'을 강조한다. 진정한 창의성을 발현하기 위해서는 해당 분야에서 10년의 노력이 있어야 비로소 그 분야의 문제점이 인식되고 더 발전시키기 위한 창의적인 아이디어가 떠오른다는 것이다. 베스트셀러인 『아웃라이어』의 저자 말콤 글래드웰도 이 시대 아웃라이어(월등히 뛰어난 사람)들의 성공 비결을 파헤치면서 "어떤 분야에서든 세계 수준의 전문가가 되려면 1만 시간이 필요하다"며 '1만 시간의 법칙'을 제시했다. 어떤 분야에 하루에 3시간씩 노력해서 10년이면 약 1만 시간이 되는데 이는 '10년의 법칙'과도 유사하다.

노벨상 수상자들은 지적 호기심으로 문제가 무엇인지를 파악하고 문제를 해결하기 위해 수많은 시행착오를 겪고 철저하게 연습하고 준비하며 충분한 시간과 노력을 기울이는 와중에 우연이라는 기회를 만나 결과적으로 운 좋게 과학적 발견을 할 수 있었다.

두 번째 특징인 '논리성과 직관'을 살펴보자. 논리성은 베이컨과 데카르트 시대까지 거슬러 올라간다. 베이컨은 연역적 사유, 데카르트는 귀납적 사유에 초점을 두고 있으며 서양의 근대 철학과 과학은 이들에게서 시작됐다. 우리가 과학이라고 인정할 수 있는 것은, 가설이나 연구 문제를 설정하고 경험적 자료를 과학적 연구 방법으로 검증하며 논리적인 절차에 따라 진행되는 것이라야 한다. 그러나 과학자들이 새로운 문제를 창의적으로 해결하기 위해서는 엄격한 논리성만으로는 부족하다.

일본의 수학자 히로나카 헤이스케는 수학의 노벨상이라고 불리는 필즈상(Fields Medal)을 아시아인으로는 처음 수상했다. 그는 수학의 난제를 해결하면서 "전공 지식도 중요하지만, 몇 배의 피나는 노력과 어린 시절 피아노 연주를 통해 경험한 무한한 예술의 세계가 수학의 난제를 해결하는 데 많은 도움을 주었다"고 밝혔다. 지금까지 인류가 만들었던 수학이나 과학 공식만으로 해결하지 못했던 난제를 해결한 창의적인 과학자들은 '명쾌하고 직관적인 예술적 상상력'을 가져야 한다고 강조한다. 아인슈타인도 "자연의 기본 법칙은 논리적인 경로가 아닌 직관만이 이끌어낼 수 있다"라고 하며 논리성과 더불어 직관의 중요성을 강조했다.

세 번째 특징으로는 태어날 때부터 타고난 '영재성'을 들 수 있다. 오랫동안 심리학자들은 영재란 타고나는 것인가, 아니면 교육되는 것인가에 대한 치열한 논쟁을 펼쳐왔다.* 선천적 유전과 후천적 환경을 둘러싼 논쟁은 최근 들어 '영재는 천부적으로 영재성을 타고나야 한다. 하지만 타고난 영재성도 가정, 교육, 사회 등 다양한 환경에서 잘 교육되어야 제대로 발현될 수 있다'는 쪽으로 가닥이 잡히고 있다. 우리나라도 영재학교, 영재교육원, 영재학급에서 영재를 선발하여 교육을 실시하고 있다. 최근에는 사교육에 의한 선행학습을 통해 만들어진 학생보다는, 교육 전문가의 관찰과 추천 등을 통해 타고난 영재성이 잠재되어 있는 학생을 선발하기 위한 방식으로 개선되고 있다.

한국과학영재학교나 서울과학고등학교의 사례를 보면, 현재 학업성적이 아주 우수하지 않아도 입학담당관에 의해 잠재되어 있는 영재성이 발굴되어 입학하는 경우가 많다.

K군은 입학전형 과정에서 수학·과학 분야에서의 창의성과 재능이 뛰어날 뿐만 아니라, 언어와 음악 등 다방면에 재능이 많고, 봉사하는 마음과 남을 아끼고 배려하는 능력을 지닌 학생으로 평가받으며 미래 과학자로서의 품성을 갖춘 학생으로 선발되었다.

P군은 사교육에 의지하지 않고 자기주도적으로 학습하는 학생으로, 스스로 정한 연구 주제 등을 진취적으로 진행해나간다고 평가받았다. 질문의 수준이 매우 높고, 개인 블로그를 만들어 경제, 철학, 역사, 인문에 대한 관심을 정리한 것이 입학담당관의 눈에 띄어 영

---

* 미국의 영재교육법은 "영재는 타고나지만 타고난 영재성을 조기에 발견하여 교육하지 못하면 사장되고 말기 때문에 국가가 특별한 지원을 통해 특별한 교육을 제공해야 한다"고 되어 있다.

재학교에 입학하였다. S양은 수학·과학 실력이 상위 10% 안에 들 정도로 뛰어났지만, 가정 형편 탓에 필요한 책을 제때 구입하지 못했다. 그러나 S양은 하루 종일 시립도서관에서 다양한 분야의 수많은 책을 섭렵하며 이를 독서카드로 잘 정리했고, 창의융합캠프에서 높은 점수를 받아 입학하게 되었다.

마지막으로 노벨상 수상자와 그들을 필요로 하는 '시대정신'이 맞아떨어질 때 더욱 위대한 결과가 나올 수 있었다. 난세에 영웅이 나오듯이, 과학의 커다란 발견과 발명도 당시 시대와 사회의 필요성과 조화를 이루어 빛이 나는 것이다.

제2차 세계대전 당시 많은 과학자가 로켓이나 원자폭탄 개발과 같은 국방과학 산업에 유입되었다. 또 과학자들은 그 시대에 긴급하거나 중요하다고 꼽히는 사회문제에 많은 노력을 기울인다. 예를 들어 최근 과학자들은 코로나바이러스를 극복할 백신과 치료제 개발, 암이나 바이러스의 습격을 이겨낼 수 있는 치료제 개발, 난치병 치료를 위한 줄기세포 연구, 유전자조작 가위, 대체에너지 개발, 인간에게 도움이 되는 인공지능과 인간을 닮은 휴머노이드로봇 개발, 자율주행차 등에 관심을 기울이고 있다.

시대 상황이 절실히 필요로 하는 연구를 진행하는 과학자 가운데 노벨상 수상자가 나올 확률이 크다. 창의력이 제대로 발현되려면 개인이 지닌 특성뿐만 아니라, 그 개인을 둘러싼 복합적인 사회환경이 상호작용할 때 가능하기 때문이다.

결국 노벨상 수상자들의 4가지 성공 비결의 특징은 천부적으로 타고나면서 잘 발현된 영재성, 엄격한 논리적 분석과 그것을 뛰어넘는 직관, 준비된 가운데 운 좋게 찾아온 우연 그리고 과학자를 둘러싼 시대정신과의 통합이라고 할 수 있다.

우리나라 아이들이 희망하는 직업으로는 안정된 수입이 보장되는 공무원, 교사가 우선인 반면에, 일본은 선호 직업 1위가 박사나 과학자로 나타났다.* 일본은 2000년 이후 미국 다음으로 매년 과학 분야에서 노벨상 수상자가 배출되고 있으니 아이들이 과학자를 선호하는 것도 이해가 된다.

특이한 점은 일본의 과학 분야 노벨상 수상자 26명은 해외로 유학을 다녀온 경험이 없으며 일본에서 박사과정을 밟았다는 것이다. 심지어 학사 출신도 있는데, 일본은 국내에서 과학 연구를 진행할 수 있는 인프라를 충분히 구축하고 있는 셈이다.

---

* 일본 아이들의 희망 직업 2, 3위는 고연봉을 받는 야구선수, 축구선수다. 우리나라 교육부 조사 결과, 남자아이 희망 직업 1위는 운동선수, 여자아이는 교사였다. 이 결과는 매년 변동적이다.

일본 문부과학성은 이러한 평가가 가능한 몇 가지 이유를 근거로 들었다. 첫째, 일본의 연구는 유행을 쫓는 모방 연구가 아니라 창의적인 문제해결법을 통해 나만의 고유한 연구를 추구한다. 둘째, 일본 아이들은 어릴 때부터 다양한 과학관을 방문하고 과학 행사를 즐기며 체험할 수 있는 환경이 조성되어 있다. 마지막으로 일본은 한국에 비해 30% 이상의 시간을 수학, 과학 수업에 할애하고 있다. 과학적 사고력을 키우기 위한 관찰이나 실험 같은 체험을 한층 충실히 실행한다. 또한 과학을 공부하는 의의, 유용성을 실감할 수 있는 기회를 제공해 어릴 때부터 과학에 대한 관심을 높인다고 한다. 무엇보다 수학, 과학 공부를 실생활과 관련된 내용으로 크게 개선한 점이 효과가 있었다고 한다. 일본 학생들이 희망 직업으로 박사나 과학자를 꿈꾸는 데는 그만한 이유가 있는 것이다.

세계 슈퍼리치의
공부법

"도대체 어떻게 했기에 세상의 부를 차지하였을까?"

"부자가 되려면 앞으로 어떤 분야가 유망할까?"

"슈퍼리치는 학창 시절을 어떻게 보냈을까?"

"그들은 지능이 뛰어났을까? 독서를 많이 했을까?"

"그들의 부모는 무엇을 가르쳤을까?"

지금까지 누구도 생각하지 못했던 유니콘 같은 기업과 슈퍼리치들이 등장하였다. 과연 세계의 부자 순위에 새롭게 등장한 이들은 어떤 사람일까? 어떤 분야의 기업에서 부자가 나왔을까? 슈퍼리치는 어떤 비전을 발견했기에 학업을 포기하거나 안정된 직장을 과감히 포기했을까? 그들은 어떻게 아무도 생각하지 못했던 비즈니스 세계를 만들었을까? 우리는 부자의 세계에 대해 궁금한 게 많다.

이들에 대해 잘 살펴보면 새로운 미래 부의 변화 추세를 알 수 있을 것이다. 나아가 우리 아이들의 미래교육과 직업 선택의 방향을 찾을 수 있을 것이다.

〈국가별 자산 5천만 달러 이상 초고액 자산가 수〉

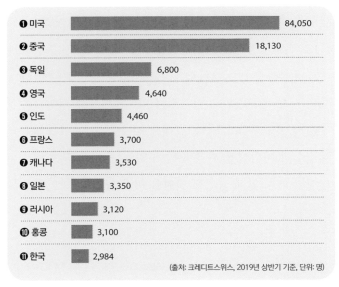

(출처: 크레디트스위스, 2019년 상반기 기준, 단위: 명)

세계적인 경제 전문지『포브스』는 매년 3월에 '세계 부자 순위'를 발표한다.* 그리고 기업 가치 1조 원을 돌파한 기업을 신화 속의 유니콘과 같다고 하여 '유니콘 기업'이라고 한다. 미국 비즈니스 잡지『포춘』은 기존 제조업 기업들이 유니콘 기업으로 성장하는 데 20년 걸렸다면 신생 IT 기업은 평균 4.4년 만에 달성했다고 발표하였다. IT 분야의 유니콘 기업에서 새로운 세계 슈퍼리치들이 등장하였다. 먼저 해마다 거의 변동이 없는 최상위 4명의 인물들에 대해 살펴보자.

지난 16년간 세계 1위 부자를 놓치지 않은 사람은 어렸을 때부터 집 안 차고에서 컴퓨터 프로그램 만들기를 좋아했으며, 하버드대학 법학과를 휴학하고 마이크로소프트를 창업한 빌 게이츠였다. 그의 부모는 미 서부 명문가의 부자였으나 자녀들에게 자신의 재산은 쳐다보지도 말라며 선을 그었다. 그래서 빌 게이츠는 어릴 때부터 철저히 독립심과 자립심을 키울 수밖에 없었다. 그의 부모는 그가 회사를 창업할 때도 일체 물질적 지원을 하지 않았다. 다만 빌 게이츠

---

* 　　최근『포브스』에서는 날마다 실시간으로 억만장자 순위를 매기고 있다. 세계에서 가장 부유한 사람들의 흥망성쇠를 매일 추적하는데, 실시간 순위는 개인의 순자산에 의거하며 개인이 공개적으로 보유한 자산의 가치는 해당 주식시장이 개장하면 5분마다 갱신된다.

에게 회사 창업에 대한 꿈과 의지가 있는지, 철저한 계획과 준비를 했는지 계속 질문했다고 한다. 그는 창업하기 이전에 이미 프로그램을 만들어 수차례 실험하였을 뿐만 아니라 적극적으로 투자자를 모으는 등 철저히 준비하여 창업한 것이다.

지금도 세계의 많은 사람들은 PC를 로그인하여 윈도우(Window)라는 컴퓨터 운영체제를 통해 작동시킨다. 그리고 인터넷 익스플로러(Internet Explorer)라는 웹브라우저를 통해 쇼핑하며 워드프로세서나 파워포인트, 엑셀 등의 오피스(Office) 프로그램을 활용해 업무를 처리한다. 이 모든 것을 가능하게 만든 장본인이 바로 빌 게이츠다. 그는 윈도우와 오피스를 소유한 덕분에 오랫동안 세계 제1의 부자 자리를 유지했다.

빌게이츠는 미국에서는 오바마 전 대통령보다 존경받는 인물로, 은퇴한 이후에는 교육 분야를 포함하여 다양한 분야에 거액의 기부를 이어가고 있다. 빌 게이츠는 부자의 도덕적 의무와 책임을 다하는 노블리스 오블리주(Noblesse Oblige)를 실천한 컴퓨터의 황제이자 슈퍼리치로 손꼽힌다.

그런 빌 게이츠가 2위로 밀려나면서 새로 탄생한 세계 부자 1위가 바로 아마존닷컴의 최고 경영자인 제프 베이조스다. 그는 서른 살 되던 해에 앞으로 1년 사이 인터넷이 2,300배 급성장하리라는 뉴스를 보고 안정된 헤지펀드 부사장직에서 과감히 사표를 던졌다. 그는 자신의 차고에서 인터넷 상거래를 통해 대규모 물류 창고에 책을 보관했다가 판매하기 시작하는 인터넷상거래 비즈니스를 시작했다. 아마존닷컴은 오프라인상에 백화점 하나, 슈퍼마켓 하나 없이도 세계 최대의 전자상거래 물류회사가 되었다.

인터넷전자상거래의 사업 영역이 확장되면서 미국의 쇼핑 풍경이 달라졌다. 이제 사람들은 물건을 사려고 쇼핑몰 앞에 길게 줄 서지 않는다. 쇼핑몰 앞에 줄지어 있다가 문이 열리기 무섭게 달려드는 바람에 부상자가 속출하는 광경은 추억이 된 지 오래다. 지금은 온라인쇼핑이 급증하면서 '사이버먼데이(Cyber Monday)'*라는 용어가 생길 정도다.

아마존닷컴은 이제 디지털콘텐츠를 유통하고 거대한 컴퓨터 서버를 활용하여 클라우딩 컴퓨팅 서비스(AWS)를 제공하며, 나아가 인간을 우주로 보내기 위한 민간 로켓우주회사 '블루 오리진'까지 만들어 우주여행 티켓을 판매하고 있다.

아마존의 성공 비결은 3차 산업에서 성공한 인터넷전자상거래를 바탕으로 4차 산업혁명시대의 인공지능, 빅데이터, 클라우딩 컴퓨

---

* 11월 넷째 주 목요일인 미국의 추수감사절 다음 주 첫 번째 월요일을 뜻하는 마케팅 용어다. 마케팅 회사들이 연휴가 끝난 다음 일상생활에 복귀한 소비자들에게 온라인으로 물건을 구입하도록 독려한 데서 나왔다.

터 등을 잘 연결했다는 데 있다. 이를 통해 소비자의 검색과 구매 패턴의 빅데이터를 분석하고 개별화 맞춤형 서비스를 제공했다. 인공지능이 소비자가 가장 필요로 하는 시간과 예상 물건을 소비자와 가까운 물류 창고에 보관하고, 최단시간의 물류 시스템으로 비용을 절감하여 소비자 만족을 극대화한 것이다.

세계 부자 3위는 투자의 귀재로 불리는 워런 버핏이다. 그는 어렸을 때부터 다양한 장사를 하면서 돈을 모았다. 11세에 100달러로 처음 주식 투자를 시작하여 오늘날 최고의 투자전문가가 되었다. 그는 '투자는 결혼을 결정하는 것처럼 신중하게' 할 것을 권하며 자신도 치밀한 분석을 통해 투자하는 것으로 유명하다. 부자가 되는 비결로 적은 돈을 아끼라고 조언하며 가정에서의 경제교육이 중요하다고 강조했다.

그는 시간을 아끼는 사람이 진짜 부자이며, 자신은 지금도 책과 신문을 읽는다고 한다. 그리고 부자는 끈기를 가지는 사람이라며, 한번 관심을 가지면 끝까지 파고드는 철저한 과제 집착력이 오늘날의 자신을 있게 한 원동력이 되었다고 말한다.

세계 부자 4위는 루이비통, 크리스찬 디올을 비롯한 50여 개 명품 브랜드를 소유한 베르나르 아르노 회장이다. 그는 유럽에서 부동의 부자 순위 1위로 꼽힌다. '꿈을 파는 상인'이라고 불리길 좋아하며, 과거 명품 브랜드 기업들이 해왔던 가족 중심의 경영과 일부 VIP 고

객 중심의 제한된 영업 방식을 과감히 깨버렸다. 비싼 값을 지불하더라도 손에 쥐고 싶은 명품 브랜드를 누구나 쉽게 소유할 수 있도록 대중화하였다. 그리고 유럽을 벗어나 일본 시장에 진입하면서 글로벌 브랜드화를 이루었다.

한편 세계 부자 가운데 눈에 띄게 젊은 사람이 있다. 소셜네트워크서비스(SNS) 페이스북을 창업한 1984년생 마크 저커버그다. 그는 학창 시절 과학 분야는 물론이고 인문 분야에서도 우수한 성적을 거두었다. 고등학생 때는 '시냅스 미디어 플레이어'라는 소프트웨어를 만들었고 하버드대학에서는 학내 커뮤니티를 위해 페이스북을 구축했다. 오늘날 페이스북은 고도의 지능정보화시대를 맞아 세계 인구의 3분의 1인 24억 명이 사용할 정도로 급격히 성장했다. 최근에는 기업 가치의 상승을 바탕으로 인스타그램(Instagram)까지 인수하여 규모를 더욱 확장했다.

그렇다면 아시아 최고 부자는 누구일까? 중국의 인터넷, 미디어 대기업인 텐센트(Tencent)를 이끄는 마화텅 회장이 세계 부자 20위에 올랐다. 마화텅과 투톱을 달리는 인물은 인터넷전자상거래 업체인 알리바바의 마윈 회장이다. 이 둘은 중국이라는 거대한 시장에서 인터넷 발달 과정을 압축하여, 다른 나라에서는 상상도 할 수 없을 정도로 빠른 속도로 전자상거래를 성공시킨 장본인이다.

마화텅은 1998년 텐센트를 창립하였고 "인터넷이 만능은 아니지만 모든 것을 연결시킨다"라고 하며 인터넷의 속성을 간파했다. 대부분의 중국인이 사용한다는 SNS 위챗과 메신저 QQ를 만들어 중국을 하나의 연결망으로 만드는 데 크게 기여하였다.

한편 20대 청년 시절에 여러 직업에서 실패를 거듭했던 마윈은 1999년에 알리바바를 창립하였다. 그는 "과거의 실패가 나를 단련시키는 과정이었다"라고 고백하면서 성공보다 실패에서 배워야 한다고 강조했다. 1995년 미국에서 처음 인터넷을 접한 영어 교사 마윈은 인터넷의 성장 가능성을 내다보고 중국에 오자마자 홈페이지 제작 회사를 차렸다. 야후 창립 멤버인 제리 양의 스카우트 제의도 거절할 정도로 창업에 대한 열망이 대단하였다.

그는 1999년 B2B 전자상거래 기업인 알리바바를 설립하였다. 2000년 마윈을 만난 소프트뱅크 손정의 회장은 단 6분 만에 투자 결정을 내렸다는 일화는 유명하다.

마화텅과 마윈은 중국 전자상거래 시장에서 서로 경쟁하면서 관련 IT 기업을 공격적으로 합병하고 있다. 자사의 플랫폼에서 상대의 지불 서비스를 차단할 정도로 살벌한 경쟁을 벌이면서 중국의 IT 분야를 이끌고 있다.

지금까지 새롭게 등장한 세계의 부자들을 살펴보면 다음 5가지 공통점을 발견할 수 있는데, 여기서 아이의 미래를 위한 교육 방향을 찾을 수 있을 것이다.

첫째, 3차 산업혁명시대의 인터넷을 4차 산업혁명시대 성공의 발판으로 삼으며 시장을 확대했다는 것이다. 3차 산업혁명의 시대를 개척한 인터넷, PC로 기존 오프라인 세계에는 없던 새로운 온라인 사업을 창출하여 선두 기업으로 나섰다는 점이다. 그리고 이를 더욱 발전시켜 4차 산업혁명의 인공지능, 빅데이터, 클라우딩 컴퓨터 등을 활용하여 다양한 분야와 사물들의 창의적 융합을 통해 새로운 기업가치를 만들어 세계 부자로 등장한다.

둘째, 이들은 실패와 고난에서 철저하게 배우고 포기하지 않았다는 공통점이 있다. 문제를 끝까지 해결하겠다는 과제 집착력과 창업에 대한 열망이 뛰어났음은 두말할 필요도 없다.

셋째, 젊은 시절 안정된 직업 세계에 안주한 게 아니라 오히려 남들이 발견하지 못한 문제를 스스로 찾아내고 누구도 생각하지 못했던 새로운 분야에 도전장을 던지고 창의적으로 개척했다는 점이다.

넷째, 무엇보다 중요한 이들의 공통점은 자신의 지적 호기심을 해결하기 위해 끊임없이 책을 읽고 토론했다는 것이다. 빌 게이츠는 지금도 1년에 몇 번씩 독서 주간을 정하여 책 속에 파묻혀 지낸다. 이들은 고정관념을 깰 수 있는 것은 독서라고 입을 모아 말한다. 책을 통해 간접경험을 하며 다른 사람과의 토론을 통해 경험의 세계를 무한히 넓혀나갈 수 있었다고 한다.

마지막으로 성공의 기반에는 인류의 창의적인 정신문명이 담긴 인문학적 소양이 바탕이 되었다는 것이다. 빌 게이츠의 대학 전공은 법학이었다. 마윈은 영어교육을, 마크 저커버그는 심리학을, 스티브 잡스는 철학을 전공했다. 이러한 인문학적 소양이 첨단 디지털과 융합되어 새로운 세계를 개척하는 원동력이 되었다.

슈퍼리치들의 5가지 공통점에서 우리는 미래를 살아갈, 미래의 부를 창출해야 할 우리 아이들에게 무엇을 교육해야 할지 그 방향성을 발견할 수 있을 것이다.

직업의 미래에서
길을 찾다

인공지능에 대한 연구는 1960년대부터 시작되었지만 우리에게 익숙하게 알려진 것은 세계경제포럼에서 4차 산업혁명시대를 선언한 직후인 2016년 3월이다. 당시 세계는 서울에서 열린 구글의 인공지능 '알파고'와 이세돌 9단의 바둑 대국을 생방송으로 지켜보았다. 고도의 정신 게임이라 불리는 바둑에서 AI가 인간을 넘어서는 순간이 전 세계로 생중계됐다. 구글의 지주회사 알파벳의 에릭 슈밋 회장은 기자회견을 통해 "대국의 진정한 승자는 사실 인류"라는 말을 남겼으며, 구글은 연일 상한가를 갱신하였다.

이 대결은 시작에 불과하다. 인공지능은 SF 영화나 소설 속에 등장하는 먼 미래의 이야기가 아니며 이미 현실 세계에 상용화되었다. 바둑 경기는 물론이고 의료, 법률, 방송언론, 문화예술, 스포츠에까지 확대되고 있다. 인공지능, 빅데이터, 로봇, 클라우딩 컴퓨터, 증강현실·가상현실·융합현실 같은 가상 기기가 우리 생활에 혁신적인 변화를 가져오고 있다.

우리는 새로운 시대로의 적응과 생존을 위해서 사회 전 분야에 걸쳐 빠른 적응과 혁신을 이루어야 한다. 다음의 4차 산업혁명시대의 주요 키워드를 살펴보면 그 이유를 더 확실히 알 수 있다.

고도의 지능정보화시대
기존 직업 세계의 흥망
교육의 미래 혁신
질병과 유전자 가위
로봇과 인간의 윤리와 지배구조
사람과 사람, 사람과 사물, 사물과 사물이 초연결되는 초융합시대…

이러한 변화 속에서 지금까지 인류 문명에 나타나지 않는 새로운 딜레마가 출현하게 될 것이며, 그 방향성은 어디로 진행될지 아무도 예측할 수 없다. 특히 우리가 주목할 만한 것은 미래의 직업 변화다.

미국의 뱅크 오브 아메리카(Bank of America)와 영국 옥스퍼드대학 연구팀이 2016년 다보스포럼, 즉 세계경제포럼 개최에 맞춰 펴낸 직업 세계의 흥망보고서인 '직업의 미래'에서는 많은 직업을 인공지능과 로봇이 대체할 것으로 전망했다.

우리가 '직업의 미래'를 관심 있게 살펴봐야 하는 이유가 있다. 보고서에는 앞으로 10년 안에 기존의 직업이 대거 사라지고, 새로운 직업이 이전에 비해 적게 생길 것이라고 전망했으며 우리는 이에 대응해야 한다는 점이다.

지금까지 지난 3차에 걸친 산업혁명시대에 잘 적응할 수 있도록 사회체제, 직업 세계, 교육 시스템, 학교와 가정 교육이 만들어졌다. 지금까지의 인재는 규격화되고 표준화된 사회 시스템 안에서 교과서의 지식과 기능을 반복적으로 습득하고, 시험에서 잘 응용할 수 있는지를 확인하는 평가 시스템을 통해 선발하였다.

이렇게 교육받은 우수 인재들이 고연봉의 전문직종인 화이트칼라 계층을 형성하였고 이들이 사회의 주류로, 부자로 성장할 수 있었다. 따라서 우리는 그동안 가정과 학교, 사회에서 많은 부분을 할애하여 고연봉 전문직과 사무직의 화이트칼라 계층이 되기 위한 교육을 오랫동안 시켜왔다.

그런데 그동안 이상적이라고 생각했던 고연봉 전문직과 수십 년간 부동의 희망 직업 1위였던 화이트칼라인 사무·행정 관련 직업

(공무원, 회사원 등)이 10년 안에 사라지는 750만 개 일자리 가운데 475만 개인 67%를 차지한다. 이어서 제조·생산 관련 직업도 160만 종의 일자리가 사라진다고 한다. 건설·채굴 관련 직업(49만 개)뿐만 아니라, 예술·스포츠 관련 직업(15만 개), 법률 관련 직업(10만 개)의 일자리가 사라진다고 한 발표는 상당히 충격적이다. 어떻게 이에 대비해야 할지도 아직 방향이 잡히지 않았고, 이러한 환경에 맞춰 인재를 길러낼 교육 시스템도 갖추어져 있지 않은 게 현실이다.

한편 향후 새롭게 창출이 될 250만 개의 일자리 분야를 살펴보자. 사업재정운영 관련 직업이 49만 개, 경영 관련 직업이 41만 개, 컴퓨터·수학 관련 직업이 40만 개, 건축·엔지니어 관련 직업이 33만 개, 영업 관련 직업이 30만 개, 교육·훈련 관련 직업이 6만 개로 보고서에서는 전망하고 있다.

한편 미국 매사추세츠공대(이하 MIT)는 미래직업의 변화를 예측할 수 있는 아주 의미 있는 2가지 통계자료를 발표했다. 첫째는 1960년부터 지금까지 10년 단위로, 졸업생이 세상에 존재하지 않았던 새로운 회사를 창업한 수를 살펴보았다. 보고서에서는 'MIT 졸업생 25%가 기업을 설립했고, 3만 200개의 회사를 출범시켜 약 460만 명의 직원을 고용하고 연간 매출 1조 9000억 달러를 창출했다'고 밝혔다.

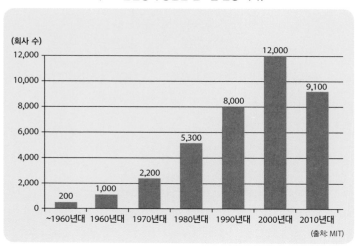

〈MIT 졸업생이 창업한 연도별 신생 회사〉

(회사 수)

(출처: MIT)

　　두 번째로 MIT 졸업생이 새로 창업한 회사 중에 매년 증가하고 있는 분야와 감소하고 있는 분야를 발표하였다. 매년 증가하고 있는 분야의 압도적인 1위는 컴퓨터 소프트웨어 분야다. 이어서 건강 및 의료, 에너지와 유틸리티, 제약(생명공학, 의료기기) 분야 순으로 증가하고 있다.

　　반면에, 매년 감소세가 가장 큰 분야는 컴퓨터 하드웨어 및 전기 공학이며 이어서 엔지니어링, 제조업(산업과 소비 분야)의 순으로 감소하고 있음을 알 수 있다. 빌 게이츠는 자신의 트위터에 "내가 만약 대학생으로 돌아간다면 인공지능, 에너지, 생명공학을 공부하고 싶다"고 밝힌 바 있는데, 이를 통해 미래에 유망한 분야를 짐작해볼 수 있다.

미래를 살아갈 우리 아이가 곧 사라질지도 모르는 직업을 얻기 위해 수년간 헛된 노력을 기울이길 바라는가? 아니면 떠오를 유망한 직업 세계를 준비하여 앞서나가길 바라는가? 앞에서 언급한 자료를 살펴보며 부모가 아이를 위해 어떤 진로를 선택하고, 무엇을 준비시켜야 좋을지 생각해볼 일이다.

세계가 주목하는
유망 직업

"미래는 예측하는 것이 아니라 상상하는 것이다."
"미래는 다가오지만 누구에게나 공평한 것은 아니다."

사람에게 가장 중요한 것은 상상력이라고 아인슈타인은 말했다. 많은 과학자가 『해저 2만 리』 같은 소설이나 〈스타워즈〉 〈쥬라기 공원〉 〈아바타〉 〈인터스텔라〉 등과 같은 SF 영화를 보며 상상력을 키웠다고 한다. 삼성에서 출시한 '둘둘 말아 다니는 모니터' '손목에 감고 다니는 휴대전화' 개발을 주도했던 김은아 박사도 중고등학교 시절에 봤던 SF 영화를 떠올리며 연구를 시작했다고 한다.

영화 〈아바타〉는 지구 에너지 고갈 문제를 해결하기 위해 판도라 행성으로 향한 인류가 나비족을 만나고, 인간과 나비족의 DNA를 결합하여 인간의 의식으로 원격조종이 가능한 새로운 생명체 아바타가 탄생하는 이야기다. 영화를 만든 제임스 캐머런 감독은 14년간 상상만 하다가, CG 기술력의 발달로 드디어 매혹적인 영상미를 갖춘 영화를 만들 수 있었다.

미래는 상상한 대로 이루어지는 것이다. 앞에서 살펴본 것처럼, 이제 4차 산업혁명시대, 지능정보화시대, 사람과 사물이 초연결되고 초융합되는 시대, 인간의 창의력과 융합력이 더 중요해지는 시대, 세계적인 부자가 ICT(Information and Communications Technologies) 중심의 유니콘 기업에서 나오는 시대, 세계적으로 뜨는 분야와 지는 분야가 교차하는 시대라는 것을 알 수 있을 것이다.

그럼 미래의 변화 방향은 잘 알겠는데, 구체적으로 우리 아이의 진로를 생각할 때 유망한 직업은 무엇일까? 국내외 전문 기관에서 내놓은 여러 예측 보고서를 종합하여 분석해보면 다음과 같은 공통점을 찾을 수 있다.

첫째, 기존 직업은 첨단 테크놀로지와 융합하여 스마트 공장과 같이 고부가가치를 창출하는 쪽으로 발달할 것이다. 둘째, 서로 다른 지식과 직무 간의 융합이 활발하게 이루어져 새로운 융합형 직업이 증가할 것이다. 셋째, 인문·사회 분야와 융합하여 과학기술과 공학 기반의 새로운 직업이 탄생할 것이다.*

한편, 우리 아이의 미래직업을 위해 관심 있게 살펴봐야 할 국내 보고서가 있다. 우리나라 상황에 맞게 유망한 미래직업을 밝힌 『10년 후 대한민국—미래 일자리의 길을 찾다』**이다. 이 보고서가 중요한 이유는 이에 근거하여 우리나라 미래직업을 위한 인재 양성 계획, 예산 투자 계획, 학교 설립 계획, 고용 분야 확충 등에 실제적으로 정부의 인력 및 예산 정책에 많은 영향을 주기 때문이다.

보고서에서는 ICT 산업에서 요구되는 직무를 기반으로 하여 중요성을 고려한 유망 직무를 도출하고 직무 그룹을 구성하여 미래직업을 예측했다. 유망한 미래직업을 살펴보면 다음과 같다.

4차 산업혁명과 같은 과학기술 혁신의 영향으로 기술(핵심 직무: 빅데이터, 네트워크, 인공지능 등)과 산업별 지식(전문 직무: 제조, 금융, 의료 등)이 융합되어 새로운 직업으로 변화하는 것을 알 수 있다.

여기서 우리가 주목할 만한 대목이 있다. 바로 '수학'이다. 수학은 생각하는 힘을 키워주는 학문으로 인공지능, 빅데이터 시대가 될수

---

* 세계 자동차업계 4위인 현대자동차 연구소에는 과학기술, 공학뿐만이 아니라 인류학, 심리학, 디자인, 음향학 등의 박사급 연구원들이 융합하여 팀을 이루어 연구하고 있고, 다음카카오에도 빅데이터 분석을 위해 컴퓨터 개발자뿐만 아니라 사회학, 심리학, 국어 등의 인문사회 분야 연구자도 최근 대거 채용하고 있다.

** KISTEP, KAIST 공저.

〈ICT 기반 유망 미래직업〉

로봇	반도체
1. 로봇 시스템 통합 전문가 2. 로봇지능 소프트웨어 전문가 3. 로봇 제어 하드웨어 전문가 4. 로봇 안전 시험평가 인증 전문가 5. 인체공학적 로봇 설계 전문가 6. 로봇 유지보수 관리자	1. 지능형 반도체 설계 엔지니어 2. 빅데이터 활용 생산 관리 엔지니어 3. 실감영상 디스플레이 엔지니어 4. 차세대 반도체 시스템 기획 전문가 5. 지능형 반도체 eSW 엔지니어 6. 반도체 신뢰성 분석 전문가
의료기기	측정제어
1. 디지털 헬스케어 기기 개발자 2. 디지털 헬스케어 인증 전문가 3. 디지털 헬스케어 코디네이터 4. 의료정보 인공지능 시스템 개발자 5. 임상정보 빅데이터 분석 전문가	1. 스마트 팩토리 컨설턴트 2. 융합 네트워크 구축 전문가 3. 공간 인식 기반 시스템 아키텍터 4. 지능형 신호/영상 처리 시스템 개발자 5. 인지 디바이스 소프트웨어 개발자 6. 통합 제어 시스템 큐레이터

록 더욱 필요해지기 때문에 미래의 유망 직업 250만 개 중 40만 개가 수학 관련 일자리다.

수학 전공자 대부분이 컴퓨터 전문가, 프로그래머, 통계학자, 컨설턴트, 금융·증권분석가 등 미래 유망 직종에 종사하고 있다. 또한 정부 기관뿐만 아니라 은행과 기업도 정보 보안에 많은 비용을 지불하면서 암호작성, 암호해독을 위해 수학자를 중용하고 있는 실정이다. 플라톤은 "인간이 수학을 공부해야 하는 본질적인 이유는 수학을 현실에서 유용하게 써먹기 위해서가 아니라, 수학이 영혼을 진리와 빛으로 이끌어주는 학문이기 때문이다"라고 말했지만, 현대의 수학은 미래의 직업을 위해 꼭 필요한 학문으로 자리 잡았다.

높은 지능, 성적,
성공의 함수관계

"우리 아이가 머리는 좋은데, 공부를 안 해요!"

"아이가 공부를 왜 해야 하는지 잘 모르는 것 같아요."

"학교 성적이 좋아야 사회에서 성공할까요?"

"공부에 관심이 없고 좋아하는 것만 하려고 해서 걱정이에요."

부모들이 삼삼오오 모이면 많이 하는 이야기가 아이들 교육과 성적에 관련된 것이다. 무엇보다 좋은 성적 내는 것이 최고니까, 공부 잘하는 아이를 둔 부모는 자랑스러워하며 목소리를 높이게 된다. 그 반면 아이의 학업성적이 좋지 않은 부모는 왠지 기가 죽고 아이를 원망하게 된다.

　사실 성적이 우수한 아이가 나중에 큰 인물, 즉 사회적으로 성공하는 인물이 되리라는 기대는 오래전부터 있었다. 지금도 크게 변함 없이 아이의 우수한 성적은 미래의 성공을 예측하는 중요한 잣대로 작용한다. 하지만 살다 보면 알게 된다. 반드시 학교 성적이 좋다고 해서 사회에서도 훌륭한 사람 또는 성공한 부자로 이어질 것이라고 기대하기는 어렵다. 성적 좋은 사람이 사회에 진출해서도 반드시 성공하는 것은 아니라는 이야기다.

　현재의 학교 성적과 입시제도는 거의 전 과목에서 1등급을 요구한다. 그러나 모든 과목에서 전반적으로 우수한 아이라고 해도 본인이 특별히 잘하는 과목, 배우는 게 즐거워서 흥미를 가지고 지속적으로 공부하고 싶은 과목이 마땅히 없는 경우도 많다. OECD 국가 간에 3년마다 치르는 PISA, 4년마다 치르는 TIMMS와 같은 국제학력시험에서 우리나라 학생들이 받는 평가의 결과는 별로 달라진 게 없다. 전체적으로 읽기, 수학, 과학 과목에서 상대적 순위는 높다. 상위 10% 학생의 성적이 전체 성적을 올리는 데 견인차 역할을 했다. 그러나 반대로 20% 이하 하위층의 비율이 몇 년 전보다 더 많아져서 상위-하위 간에 양극화 현상이 더 두드러졌다. 특히 하위층에서 남학생이 여학생에 비해 더 많은 비율을 차지하고 있다. 이는 수학, 물리, 화학, 지구과학, 생물 등의 국제올림피아드에서 한국 청소년들이 최상위 성적을 휩쓸고 있는 현상과 비슷하다고 할 수 있다.

여기서 우리가 관심 있게 지켜볼 점이 있다. '공부를 왜 해야 하는 가?' '학교 가는 일이 즐거운가?' 등 학업에 대한 흥미와 관심 수준은 국제적으로 거의 밑바닥 수준이다. 그러니 공부는 지겨운 일이 된다. 초중고 시절 전력을 다해 공부하면서 에너지를 다 써버려서, 정작 전공 분야를 찾아 공부해야 하는 대학에서는 그만 공부에 흥미와 탄력을 잃고 마는 것이 현실이다.

미국에서 어렵게 학위를 마치고 귀국한 사람들이 한국과 미국 학생의 공부 방식에 대해 공통적으로 이야기하는 것이 있다. "처음 고등학교나 대학에 들어갈 때는 영어를 빼놓고는 수학이나 과학에서 나보다 훨씬 실력이 없다고 생각했던 학생이 좀 지나면 독서력이 뛰어나고 토론도 잘하고 창의적인 문제해결이나 자신만의 에세이 작성, 새로운 아이디어가 담긴 학위논문 등에서 실력이 훨씬 뛰어나더라"라고 말한다. 그리고 "우리는 그동안 학교나 학원에서 일방적으로 가르쳐준 것만 공부해서 외우고 시험 치고 그대로 옮겨 적으면 만점을 받는 교육 시스템이었다면, 미국에서는 한 과목을 배우더라도 많은 책을 읽어야 하고 수업 시간에 질문을 많이 하며 토론하는 방식으로 진행되고 자기만의 창의적인 아이디어로 에세이를 써야 하는 시스템이라 적응하기 힘들었다"라고 이야기한다.

더 안타까운 현실은 이런 시스템에서 공부해서 박사학위를 받고 우리나라에서 교수가 된 사람들도 어느덧 기존 강의식 수업에서 가르치는 대로 잘 외웠는지를 시험 보고 성적 내는 우리 교육 시스템에 익숙해진다. 학생들이 질문하지 않으니 교수들도 몇 년 전 강의 노트를 가지고 강의해도 별 불편함을 느끼지 못한다는 슬픈 이야기를 한다. S대에 있는 교수들조차 "입학할 때는 똑똑했던 학생들을 평범한 질문과 토론이 없는 교육으로 똑같은 생각을 하게 만들어 하향평준화되고 규격화된 학생으로 만들고 있다"라며 현재 교육 시스템을 비판할 정도다.

한편 성적이 낮아도 언어나 과학을 월등히 잘한다거나, 음악이나 미술만큼은 반에서 따라올 아이가 없다든가, 글짓기 대회만 나가면 성적과 상관없이 상을 휩쓴다든가 하는 아이가 있다. 생각해보면 세계적으로 영향을 미친 아이작 뉴턴, 알베르트 아인슈타인, 토머스 에디슨, 빌 게이츠, 마크 저커버그, 스티븐 스필버그도 전 과목을 만점 받은 것이 아니었고 심지어 대학을 중도에 그만두기도 했다. 그러나 스스로 호기심을 가졌고 좋아하고 잘하는 과목에서 특히 뛰어났으며 사회에서도 이를 잘 활용하여 누구도 가지 않은 창의적인 비즈니스 세계를 펼친 것이다.

몇 해 전 미국 SAT 점수에서 만점을 받은 한국 학생이 하버드대학이 원하는 인재상이 아니라는 이유로 입학을 거절당했다며 뉴스에 보도된 적이 있다. 우리나라에서는 수능 점수가 만점인 학생이 입학을 거절당했다면 큰 뉴스거리가 되겠지만 정작 미국에서는 그리 놀라운 일도 아니었던 모양이다.

이런 교육 이슈에 대해 심리학자와 교육학자들이 답했다. 우리는 지난 30여 년 동안 지능지수인 IQ(Intelligence Quotient)가 사람의 지능을 대변한다고 생각해왔다. 심리학자들은 지능에 대해 공통적으로 '학습하는 능력, 추상적으로 사고하는 능력 또는 상황에 잘 적응하는 능력'이라고 정의하고 이런 정의에 맞게 지능을 측정하고자 지능검사 도구를 개발했다. 따라서 지능 측정에는 가정과 학교에서 대체로 그 연령에 맞게 잘 배운 지식, 언어, 수학, 공간지각, 상식 등을 위주로 측정했으며 그 결과를 IQ라고 지칭했다.

그러나 최근에는 이러한 내용을 반박하는 연구가 활발히 진행 중이다. 오늘날 개인이 복잡한 환경에 다양하게 상호작용을 하면서 발달하는 지능의 개념을 설명하는 데는 한계가 있다고 생각했기 때문이다. 기존의 IQ가 인간의 복잡하고 다양한 지적능력을 전체적으로 설명하지 못하고, 미래의 성공 예측 변인으로써 활용성이 떨어진다는 주장도 제기되었다. 그래서 우리나라 초중등 학교에서 1년에 한 번 이상 측정했던 지능검사와 적성검사 내용을 1997년부터 학교생활기록부 양식에서 삭제한 것이다. 이것은 지능에 대해 새로운 방향에서 재검토해야 함을 의미한다.

심리학자와 교육학자들은 학교에서의 우수한 학업 성취와 사회에서의 성공을 결정짓는 요인을 밝히기 위해 이론적인 연구와 더불어 학문적으로나 사회적으로 성공한 인물들을 탐구하기 시작하였다. 사실 서양에서는 소크라테스 시절부터 사회적으로 우수한 인재상이란 '합리적인 사람' '똑똑한 사람' '감정에 치우치지 않은 이성적인 사람'이었다. 가정과 학교에서는 아이들을 이러한 인재상을 갖춘 사람으로 길러내기 위해 교육해왔다. 그러나 세계적인 지능학자들은 1990년대 이후가 돼서야 지능의 새로운 대안을 찾기 시작했다.

현대적인 지능의 개념을 과거의 협소한 학습능력, 추상적사고 능력, 환경적응능력에서 벗어나 개인과 개인을 둘러싼 환경과의 상호작용에서 발휘되는 능력으로 폭넓게 이해했다. 따라서 학교에서 교육을 통해 계발되는 인지적 능력을 주로 연구해왔던 지능의 개념에서 벗어나, 교과서에서 배운 지식과 기능만으로는 해결할 수 없는 학교 밖 다양한 문제들을 해결하는 능력까지 포함한 총체적인 능력을 '지능'이라고 새롭게 정의했다.

세계적으로 알려진 대표적인 현대 지능이론을 살펴보면 하버드 대학 가드너 교수의 '다중지능이론'과 예일대학 스턴버그 교수의 '성공지능이론'을 들 수 있다.

먼저 다중지능이론을 살펴보자. 가드너는 성공하는 사람들의 성공 비결을 연구한 결과, 인간은 모두 똑같은 능력을 지니고 태어나지 않았으며 지능이 높은 사람이 모든 영역에서 우수할 것이라는 그동안의 지능이론에 문제를 제기했다. 그리고 대다수의 사람은 8가지 다양한 지능을 소유하고 있으며, 그것들을 매우 개인적인 방식으로 조합하여 사용한다고 말했다. 그러나 기존의 언어와 논리수학적 지능만을 중시하는 제한된 학교교육은 다른 지능의 중요성을 상대적으로 경시하는 경향이 있었다.

따라서 전통적으로 중시되는 학업 지능에 실패한 많은 학생은 자기존중감이 낮으며, 그들의 장점은 계발되지 못한 채 대부분 학교나 사회에서 소멸되었다고 강조했다. 여기서 해당 지능에 맞는 직업군도 설명했는데 다음과 같다.

① 언어 지능

사고하고 복잡한 의미를 표현하는 언어를 사용하는 능력으로 구성되어 있다. 작가, 시인, 저널리스트, 연사, 뉴스 진행자가 이 지능이 높다.

② 논리수학 지능

계산과 정량화를 가능하게 하고 명제와 가설을 세울 수 있도록 하며 복잡한 수학적 기능을 수행하도록 한다. 과학자, 회계사, 엔지니어, 컴퓨터프로그래머가 이 지능이 높다.

③ 공간 지능

항해사, 조종사, 조각가, 화가, 건축가가 하는 것처럼 3차원적 방법으로 생각하는 능력이다. 이 지능은 내외적 이미지의 지각 재창조, 변형 또는 수정이 가능하며, 자신이나 사물을 공간적으로 조정하며 그래픽 정보로 생산하거나 해석이 가능하게 한다.

④ 신체운동 지능

대상을 잘 다루고 신체적 기술을 잘 조정하는 능력이다. 운동선수, 무용수, 외과의사에게 나타난다. 신체적 능력은 인지적인 것에 비하여 서구 사회에서는 높게 평가받지 못하였다. 그러나 다른 곳에서는 신체를 사용하는 능력은 생존의 필수이며 사회적으로 존경받는 중요한 능력으로 인정된다.

⑤ 음악 지능

음의 리듬, 음높이, 음색에 대한 민감성을 보이는 사람들이 갖는으로 작곡가, 지휘자, 음악가, 비평가, 악기 제작자, 훌륭한 음악 감상가에게서 나타난다.

⑥ 대인관계 지능

타인을 이해하고 타인과 효과적인 상호작용을 하는 지능이다. 이러한 지능은 교사, 사회사업가, 배우, 정치가에게서 나타난다. 최근 서양에서는 마음과 신체의 결합을 인식하기 시작했기에 능숙한 대인관계 행동 기술의 중요성을 인식하게 되었다.

⑦ 자기이해 지능

자신에 대한 정확한 지각과 자신의 인생을 계획하고 조절하는 지식을 사용할 수 있는 능력을 말한다. 이 지능이 뛰어난 사람은 신학자, 심리학자, 철학자가 있다.

⑧ 자연친화 지능

자연의 패턴을 관찰하고 대상을 정의하고 분류하며 자연과 인공적인 체계를 이해하는 능력이다. 숙련된 자연주의자는 농부, 식물학자, 사냥꾼, 생태학자, 정원사가 포함된다.

가드너의 다중지능이론과 함께 세계적으로 지능이론에 큰 영향을 미치는 이론이 스턴버그의 '성공지능이론'이다. 스턴버그는 기존의 IQ 점수나 학교 성적 등으로 인간 본래의 지적 능력을 설명하기는 부족하다며 문제를 제기하였다. 그리고 지금의 학교교육은 실제 상황과 무관한 지식을 가르치는 것이어서 죽은 지식이 되고 만다는 점이다.

특히 성공적인 삶의 방향으로 나아가기 위해 갖추어야 할 능력을 언급하기 위해서는 더 중요한 설명력이 필요하다고 하여 '성공지능 이론'을 제기했다.

성공지능은 학교와 사회에서 성공할 수 있는 능력으로, 중요한 목표를 달성하기 위해 사용되는 다음 3가지 지능으로 구성되어 있다. 스턴버그는 지금까지는 사회를 주도하는 사람이 공부를 잘하는 분석적 지능이 우수한 사람이었다면, 미래 사회는 창의적 지능이 탁월한 사람의 시대가 될 것이라고 내다봤다.

① 분석적 지능

개인 내부에서 어떻게 지적 행동이 발생하는가에 초점을 둔다. 분석력이 뛰어난 학생은 분석, 평가, 비판에 강점을 보인다.

〈스턴버그의 삼원지능이론〉

② 창의적 지능

새롭고 흥미로운 아이디어를 창안해내는 능력이다. 창의력이 뛰어난 학생은 발견, 창조, 발명에 두각을 나타낸다.

③ 실천적 지능

실제 생활에서 경험으로 습득될 수 있는 지식을 인생의 성공을 위하여 활용하는 능력으로 외부 상황과 관련해서 환경에 적응하고 변화하며 선택한다. 실용능력에 뛰어난 재능을 보이는 학생은 활용·적용·실천에 강점을 보인다.

지금까지 우리는 표준화된 교육 시스템 속에서 지내왔지만, 지금까지 인류에게 나타나지 않은 딜레마를 해결하며 미래를 살아갈 우리 아이에게 그런 시스템은 적합하지 않다. 이미 1990년대부터 세계적인 심리학자와 교육학자들은 이러한 문제를 제기하였다. 앞에서 살펴본 것처럼 세계경제포럼이나 OECD도 미래의 교육을 위해 갖춰야 할 혁신역량을 발표하며 이를 위해 학교교육의 개편을 권고하여 교육의 혁신을 요구하고 있는 상황이다.

우리 아이가 정말 좋아하고 잘할 수 있는 교과나 영역, 꿈이 무엇인지를 아이와 함께 이야기해봐야 한다. 아이가 좋아하는 것도 없고 꿈도 없다면, 방향 없이 질주하는 기관차와 같아서 공부하다가 쉽게 번아웃될 수 있기 때문이다. 아이는 엄마와 아빠가 자신의 꿈을, 좋아하는 과목을, 하고 싶은 분야에 대한 이야기를 들어주는 것만으로도 인정받고 사랑받고 있음을 느끼며 기쁜 마음으로 자신의 진로를 준비하고 새로운 마음으로 공부도 신나게 시작할 수 있을 것이다.

다음의 동물학교 우화*를 읽으며 우리 아이의 강점은 무엇인지, 어떻게 길러줘야 할지 고민해보자.

동물들이 모여 학교를 만들었다. 그들은 달리기, 오르기, 날기, 수영 등으로 짜인 교과목을 채택했다. 동물학교는 행정을 쉽게 하기 위해 모든 동물이 똑같은 과목을 수강하도록 했다.

오리는 선생님보다 수영을 잘했다. 날기도 그런대로 해냈다. 하지만 달리기 성적은 낙제였다. 오리는 학교가 끝난 뒤에 달리기 과외를 받아야 했다. 달리기 연습에 열중하다 보니 그의 물갈퀴는 닳아서 약해졌고, 수영 점수도 평균으로 떨어졌다. 토끼는 달리기를 가장 잘했지만, 수영 때문에 신경쇠약에 걸렸다. 다람쥐는 오르기에서 탁월한 성적을 냈지만 날기가 문제였다. 날기반 선생님이 땅에서 위로 날아오르도록 하는 바람에 다람쥐는 좌절감에 빠졌다. 날기에서는 타의 추종을 불허하는 솜씨를 보였지만 다른 수업은 아예 참석도 하지 않은 독수리는 문제 학생으로 전락했다. 결국 수영을 잘하고, 달리기와 오르기, 날기는 약간 할 줄 알았던 뱀장어가 가장 높은 평균 점수를 받아 학기 말에 졸업생 대표가 되었다.

* 물리학자이자 발명가인 애머스 돌베어가 이솝 주니어(Aesop, Jr.)라는 필명으로 『교육 저널(Journal of Education)』에 기고하면서 알려졌다. Aesop, Jr., "An Educational Allegory", *The Journal of Education*, October 1899, 50(14), p.235. Quote Investigator(https://quoteinvestigator.com/2013/04/06/fish-climb)에서 재인용.

우리 아이를 위한
4가지 혁신역량

"미래가 빠르게 변한다는 건 알겠는데….”

"그럼 구체적으로 어떻게 해야 하지?”

"새로운 학원에 보내야 하나? 무엇을 가르쳐야 하지?”

"어제의 교육 방식으로 내일의 아이를 가르치는 건 아이의 내일을
빼앗는 거라고 하던데….”

미래는 우리가 지금까지 예측하지 못했던, 그리고 나타난 적도 없
었던 새로운 딜레마의 세계다. 우리 아이가 미래의 딜레마를 해결할
수 있는 역량 가운데 반드시 갖춰야 할 것을 '혁신역량'*이라고 부른

다. 그중에서도 세계의 정치·경제 지도자, 대학의 석학이 모여 4차
산업혁명시대임을 선언한 세계경제포럼이나 OECD 그리고 우리나
라의 정부와 각종 위원회 및 대기업에서 꼽은 혁신역량을 종합해보
면 ① 창의력 ② 융합력 ③ 자기주도력 ④ 공감협업력으로 나타난다.

첫째, 새롭고 가치 있는 아이디어와 산출물을 만드는 혁신역량인
'창의력'이다. 오래전 어느 대학의 물리 시험문제 중에 '기압계로 학
교 건물의 높이를 측정할 수 있는 방법을 구하라'는 문항이 있었다.
많은 학생이 기압, 비율 등 물리 공식을 적용하여 문제를 풀고 답안
을 제출했다. 그 자리에 시험 시간이 끝날 때까지 앉아서 답을 작성
하던 한 학생이 있었다. 물론 학생의 답안에는 기압의 차이, 거리와
의 비례식 등과 같은 과학적인 내용도 있었다.

그런데 '기압계에 끈을 묶은 후 옥상에서 땅까지 내려서 끈의 길
이를 잰다' '빌딩의 그림자 길이를 재서 높이를 계산한다' '관리인에
게 기압계를 선물로 주고 설계도를 구해서 높이를 알아낸다' 등 교
수와 다른 학생들이 생각지도 못한 새롭고 독창적인 아이디어를 적
어놓은 것이다. 바로 이렇게 남이 생각지 못했던 기압계를 활용해

---

*   최근 세계경제포럼이나 OECD는 혁신(Innovative)역량이라는 용어를 많이 쓰
기 시작했고, 우리나라 기업이나 교육 분야에서는 핵심역량이라는 용어를 더 많이 쓰고
있다.

건물의 높이를 측정할 수 있다고 답을 적은 학생이 나중에 원자의 구조와 양자역학의 연구로 1922년 노벨물리학상을 받은 물리학자 닐스 보어다.

지난 100년 동안 인류 문명 발달에 가장 영향을 준 사람 1위로 꼽힌 아인슈타인의 사례를 살펴보자. 그동안 우리가 살고 있는 세상에서는 '시간'과 '공간'이란 것은 절대적으로 변하지 않는 진실이라고 생각했다. 마치 우주가 지구를 중심으로 돈다는 천동설이 세상을 지배했을 때, 지구가 돈다는 지동설을 처음에는 그 누구도 믿지 않았고 오히려 이를 주장한 갈릴레오가 종교재판을 받았던 것처럼 말이다.

그러나 아인슈타인은 그동안 절대적이라고 믿었던 시간과 공간도 변할 수 있는 것이 아닌가 하고 생각했다. 그의 상대성이론 덕분에 우리는 지금 정확한 위치를 찾을 수 있는 GPS에 의지해 초행길도 잘 다닐 수 있게 되었다. 그는 시간과 공간은 절대적으로 변하지 않을 것이라는 물리현상을, 우주나 시간, 중력에 대한 우리의 생각을 바꿔놓았다.

종이처럼 얇은 모니터, 손목에 차는 스마트폰, 둘둘 말아 편하게 가지고 다니는 컴퓨터를 가능하게 만드는 물질이 있다. 강철보다 강력하고 전기도 잘 통하는 '그래핀'이라는 소재다. 가임과 노보셀로프가 그래핀을 발견한 과정은 노벨상 중에서도 가장 손쉽고 엉뚱한 실험 방법으로 알려져 있다. 이들은 세상에서 가장 얇은 물질을 만들어내겠다는 재미있는 실험을 하다가 우연히 발견한 것이다. 흑연을 스카치테이프에 붙였다가 떼어낸 후 스카치테이프에 남아 있는 미세한 원자구조인 그래핀을 발견한 공로로 두 사람은 2010년 노벨상을 받았다. 이렇게 새롭고 독창적인 아이디어 그리고 가치 있는 아이디어를 생각해내는 것을 창의력이라고 한다.

둘째, 녹여서 합한다는 의미의 '융합력'이다. 무엇을 녹이고 어떻게 합한다는 것일까? 우리는 그동안 한 분야에 몰입하여 한 우물만 파는 'I자형 인간'으로 살아왔다. 그러나 이제는 자기 분야도 알아야 하지만, 다양한 분야의 지식과 맥락을 이해하고 자신의 전공 분야와 잘 융합하여 창의적인 아이디어를 낼 수 있는 'T자형 인간'이 성공하는 시대가 되었다. 대학에서 다양한 분야를 공부하고 대학원에서 법학이나 의학을 공부하는 전문대학원이 등장한 것도 융합형 인재가 더욱 필요한 시대가 되었기 때문이다.

기업도 마찬가지다. 이제는 자동차, 전기 전자, 의류 패션, 스포츠 분야 등에서도 첨단 융합적인 제품을 만들어야 한다. 자동차만 해도 그렇다. 새로운 자율주행차 제어장치와 센서, 전기나 수소 또는 하이브리드 자동차, 공기저항을 줄인 가볍고 탄력 있는 신소재, 작으면서도 강력하고 오래 지속되어야 하는 배터리 개발, 심지어 운전자의 안전과 심리적 안락감을 고려한 심리학, 소음을 차단하는 음향

장치, 멋진 산업디자인 등 다양한 분야와 융합한 결과가 자동차로 만들어지는 것이다.

교육도 융합교육으로 바뀌고 있다. 미국, 독일, 일본 등의 나라에서도 수학과 과학은 대개 어려워하고 싫어하는 과목이다. 힘들게 개념을 익히고, 유사한 문제를 계속 반복해서 정답을 맞히는 방식이 바뀌는 중이다. 왜 이 과목을 공부해야 하는지의 의미를 찾기 위해 우리 주변에서 흔히 일어나고 있는 실생활 문제를 해결한다. 그동안 분과형으로 나누었던 물리, 화학, 생물, 지구과학 분야를 주제 중심의 융합형 과학 교과로, 사회, 경제, 지리, 역사도 융합형 사회 교과로 배우는 등 우리나라도 이제 융합형 교육과정으로 혁신하고 있다.

셋째, 스스로 목표를 결정하고 달성하기 위해 주동적으로 추진할 수 있는 역량인 '자기주도력'이다. 몇 년 전부터 우리나라에서 유행하고 있는 자기주도학습을 떠올리면 쉽게 이해할 수 있다. 타인에 의해 일방적으로 주어진 학습 목표나 공부 방식이 아닌, 스스로 역량을 확인하고 목표를 설정하고 책임감 있게 공부해나가는 방식이다.

미국 오바마 전 대통령이 백악관으로 초대했던 최고의 학생 과학자들은 모두 자기주도력을 갖춘 사람이었다. 14세의 테일러 윌슨은 인터넷으로 20개 과학 분야를 공부하고 정부 기관에서만 해왔던 핵융합 연구와 실험을 세계 최초로 집에서 성공하여 정부 인가를 획득했다. 그리고 16세의 잭 안드라카는 인터넷에서 자료를 찾기 시작해

혈액 한 방울로 췌장암을 진단하는 기술을 개발하여 상품화에 성공했다.

모두 뛰어난 호기심과 끈질긴 과제 집착력을 가졌으며 그 점을 인정하고 키워준 부모와 멘토가 있었기에 가능했다. 또한 스스로 목표를 설정하고 시간을 관리하며, 인터넷의 방대한 정보를 선별하여 학습하는 자기주도력 덕분에 가능했던 것이다.

빠른 사회 변화가 교육제도를 혁신적으로 변화시키고 있다. 이제 학교와 교실이라는 제한된 공간에서 선생님의 가르침만 받는 시대에서 스스로 필요한 것을 평생 학습해가는 자기주도력이 더욱 필요한 생애 전주기 학습의 시대가 되었다. PC나 스마트폰으로 세상 모든 지식과 정보를 연결하는 인터넷, 많은 데이터를 해석하고 예측하고 통제할 수 있는 빅데이터, 스스로 학습하며 지능을 발달시키는 인공지능과 사람을 닮아가는 휴머노이드로봇, 물리적 저장 공간과 시간을 뛰어넘어 접속할 수 있는 클라우딩 컴퓨터 등의 과학기술 발달이 교육제도와 환경을 바꾸고 있다.

교육이 ICT 기술과 만나며 시간과 공간의 제약 없이 자유롭게 학습할 수 있는 미래형 교육으로 바뀌고 있는 것이다. 미래교육 혁신의 예로는 캠퍼스는 없지만 세계에서 가장 많은 수강생이 참여하는 MOOC 그리고 세계에서 가장 많은 학생이 스스로 공부하고 온라인 세미나 방식으로 참여하는 가상대학 미네르바스쿨 등이 있다. 이

때 가장 필요한 혁신역량이 '자기주도력'이다.

　그러나 우리 아이들의 현실은 어떠한가? 초중고교 때까지 좋은 대학에 가기 위해 공부에 엄청난 에너지를 쓴 나머지 더 이상 공부할 이유도 목적도 사라져버린 '번아웃증후군'을 겪고 있다. '나는 진정 누구인가?' '내 꿈과 적성은 무엇인가?' '내 꿈을 위해 지금 무엇을 준비해야 하는가?' 하며 한참 자아정체성과 자기주도력을 왕성하게 형성할 시기에 여전히 공부만 강요받고 있기 때문이다.

　아이의 공부만을 위해 다른 모든 것을 뒤로 미루게 하고 중요한 선택과 결정마저 다 해주는 부모로 인해, 많은 아이가 의사결정장애와 선택장애를 겪으면서 어른이 된다. 스스로 자신의 인생을 선택하고 결정해야 하는 '자기주도력'이 형성될 기회도 없이 다람쥐 쳇바퀴 돌듯 하루하루 학교와 학원만 바쁘게 다니는 것이 안타까운 현실이다. 어른이 된 이들을 계속 보살펴주고 선택과 결정을 대신해주는 것은 고통의 부메랑이 되어 부모에게 돌아올 수 있다는 점을 잘 알아야 한다.

　마지막으로, 다른 사람의 의견을 경청하고 소통과 공감하면서 목표 달성을 위해 함께 협업하는 역량인 '공감협업력'이다. 지금까지는 혼자서도 일을 잘할 수 있었고, 리더의 빠른 의사결정과 재화의 투입과 산출의 효율성이 무엇보다 중요하게 여겨졌다. 이는 지금까지 고속 압축성장을 이루는 데 도움이 되었다. 그러나 미래 사회의 패러다임은 다르고 요구하는 인재상도 다르다. 지금 성공하는 기업은 과거 부서별, 직급별로 나누어 각자의 일만 잘했던 방식에서 이미 탈피했다. 상황에 따라 프로젝트별, 팀별로 유연하고 탄력적으로 구성되고 독립채산제*로 운영된다. 팀에서도 서로 다른 전공 분야나 관심을 가지고 있는 사람들의 요구를 읽어내고, 경청하며 이해하고 설득하면서 공감대를 형성하고 협업해야만 팀에게 주어진 미션과 성과를 달성할 수 있는 시대가 되었다.

특히 리더일수록 일방적 지시형의 리더십을 버리고 전체 팀원의 역량을 파악하고 수평적으로 소통하고 합리적으로 의사결정을 해야 팀원 모두의 공감대가 형성되어 팀 프로젝트에 적극 참여할 수 있다. 그러나 이러한 혁신역량을 키워야 할 우리의 교육 현실은 그렇지 않다. 창의력 연구에서 탁월한 성과를 낸 토랜스상을 수상한 바 있는 윌리엄메리대학 김경희 교수에 따르면, PISA 결과에서도 친구의 성공을 기원하거나, 친구와 협동하는 것에 대해 우리나라 학생들의 점수가 가장 낮았다고 우려하였다.**

---

* 한 기업 내에서 부서별로 따로 손익계산을 내는 책임경영제도를 말한다. 부서 책임자는 운영에 전권을 부여받고 자산, 부채, 자본까지 독립적으로 운영한다. 팀 활동의 성과를 계산하고 자주성을 보장하여, 실적을 경쟁하는 매니지먼트 시스템이다.
** 미국 77.7 〉 영국 66.8 〉 중국 59.6 〉 일본 50.3 〉 한국 44.5

그리고 우리나라 영재 학생들이 좋아하는 교수학습 방식에 대한 연구 결과를 살펴보면 더욱 우려가 된다. 영재일수록 고등정신능력과 협동력이 요구되는 팀프로젝트학습, 협동학습, 또래학습 등을 선호하지 않는다는 것이다. 일방적으로 잘 정리되어 전달되는 강의식 수업을 선호하고 또래와 협동학습을 하면 시간만 뺏긴다는 부정적인 견해가 많다는 결과를 보면, 우리 교육이 미래 변화에 잘 적응할 수 있도록 제대로 교육하고 있는지 돌아보게 된다. 기업에서는 이런 사람이 리더가 되면 다른 사람을 무시하고 배제하거나 팀이 해야 할 일에 협력하지 않고 혼자하거나 따돌림을 당해서 오히려 업무와 팀워크를 망치게 될 우려가 있다고 한다. 이에 영재학교에서는 교육과정의 10% 이상을 영재학생들의 리더십 함양과 인성교육의 비중을 높이고 있다.

세상이, 교육이 빠르게 변하고 있다. 개인의 창의성도 중요하지만, 집단(조직)의 창의성이 더 돋보이는 시대다. 이러한 변화에 적응하고 리드하는 사람이 미래에 성공하는 사람이 될 수 있다. 성공이란 먼 미래의 목표를 향해 하루의 계획을 차근차근 달성해가다 보면, 축적된 작은 성공들로 인해 어느덧 큰 목표가 달성되는 것이다.

미래 변화를 정확히 인식하고 진단하며 우리 아이를 성공으로 안내하는 4가지 혁신역량인 창의력, 융합력, 자기주도력, 공감협동력을 어떻게 향상시키면 좋을지 다음 장에서 알아보자.

3장

부모와 아이가 함께 키우는 혁신역량

부모와 아이가 함께
성공하는 미래교육 전략

창의력에 대한
오해와 진실

"초중고 교육과정에도 창의력 수업이 더 확대된다고 하네요."

"영재학교나 특목고 입시에서 창의적 문제해결력 점수 비중이 더 커진다고 하는데…."

"삼성 같은 대기업에서도 이제 창의력 면접을 실시한다고 하던데."

"우리 아이 창의력 점수는 어느 정도이고 어떻게 높일 수 있을까?"

어느새 생활 깊숙이 들어온 AI와 로봇. 미래학자들은 인간의 지적 능력을 컴퓨터로 구현하는 인공지능이 더욱 발달할 것이고, 인간의 지능을 뛰어넘는 '특이점 현상'이 나타나고 있다고 한다. 그렇기

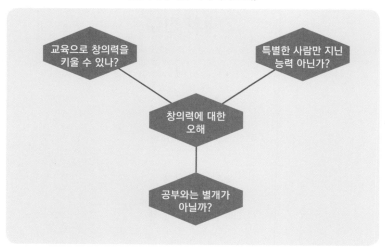

〈창의력에 대한 여러 가지 오해〉

교육으로 창의력을 키울 수 있나?

특별한 사람만 지닌 능력 아닌가?

창의력에 대한 오해

공부와는 별개가 아닐까?

에 인간이 지닌 새롭고 가치 있는 아이디어를 창출해내는 창의력이 더욱 중요해지게 될 혁신역량이라고 강조한다. 창의력이란 1950년 미국심리학회 회장이 된 길포드가 "이제 하나의 정답만을 요구하는 지능의 시대는 갔다"*라는 기조연설을 통해 앞으로는 창의력이 더욱 중요한 시대가 될 것이라고 강조한 것을 계기로 심리학자들이 관

---

* 많은 지능검사의 문항이 정답을 찾는 방식으로 이뤄졌기 때문이다. 예를 들면 '서울과 도쿄와의 거리는 얼마일까?' '다음 도형이 270도 회전하면 어떤 모양이 될까?' '다음 그림 중에 빠진 부분은?' 등과 같다.

심을 가지고 연구하기 시작했다.

심리학자들은 노벨상 수상자와 같은 탁월한 인물들은 어떤 심리적인 특성이 있었기에, 어떠한 창의적인 과정을 거쳐서 그리고 어떤 가정과 학교, 사회 환경에 있었기에 창의적인 아이디어를 낼 수 있었는가에 늘 관심을 두었다. 당시 심리학자들이 창의력을 새롭게 연구하기 시작한 1950년대는 미국이 정치, 경제, 외교, 안보, 과학 등의 분야에서 세계 최고라고 자부했던 시절이었다. 그러나 1957년 소련이 스푸트니크호 우주선을 발사하면서 세계 최고라고 자부하던 미국의 자존심에 큰 상처를 남겼다. 그래서 미국은 여러 분야를 개혁하게 되었고, 특히 교육 분야에서도 과학과 창의력·영재 교육을 강조하는 '교육기본법'을 전면 개정했다. 하나의 정답을 맞히는 교육 방식을 반성하면서 창의력 교육과 영재 교육을 꽃피우는 계기가 된 것이다.

창의력을 연구하는 심리학자들도 처음에는 창의력이 노벨상 수상자처럼 매우 특별한 재능을 가진 탁월한 사람만의 능력이라고 생각하였다. 그러나 창의적인 인물의 특성, 창의력이 나타나는 과정, 창의적인 환경에 대해 연구한 결과 새로운 사실이 밝혀졌다. 창의력은 모든 사람에게 잠재되어 있다는 것이다. 따라서 모든 사람에게 잠재된 보물과 같은 창의력을 어떤 교육을 통해서 계발시켜줄 것인가와 가정과 학교를 창의적인 환경으로 어떻게 만들어줄 것인가에 대해 계속 연구했다.

그런데 재미있는 현상이 나타났다. 심리학자들이 창의력에 대해 한창 연구 중이고, 정부도 교육기본법을 개정하면서까지 학생들의 창의력 교육에 관심을 기울이고 있을 때, 이를 가장 먼저 적용하기 시작한 것은 기업이었다. 앨빈 토플러가 그의 저서 『부의 미래』에서 변화에 가장 잘 적응하는 자가 미래의 부를 가져갈 것이라고 예견했 듯이 이익을 추구하는 기업이 가장 빠르게 창의력을 필요로 한 것이 다. 우리가 창의력 계발 프로그램에서 잘 쓰고 있는 '브레인스토밍' '장단점 열거법' '트리즈(TRIZ)' '일곱 색깔 모자 기법' '특성 열거법' 등의 다양한 프로그램이 대부분 새롭고 독창적인 아이디어와 상품, 경영과 제조 방식을 개선해야 하는 기업에서 개발된 창의력 계발 프 로그램이다. 이것이 나중에 교육 현장에 활용된 셈이다.

우리나라도 창의력이 미래의 중요한 혁신역량이라는 것을 알고 10년 전부터 전국 어느 학교에나 '21세기를 주도할 창의적인 한국 인 육성'이라는 플래카드가 붙어 있을 정도였다. 당시 초중고교에서 창의력 계발의 중요성을 깨닫고 학생들의 창의력을 계발하기 위해 별도의 교과서를 만들자는 의견도 있었으나 지금은 교과서와 교육 과정 안에서 계발하는 방향으로 바뀌었다.

과학영재학교, 과학고등학교의 입시에서도 '창의적 문제해결력' '창의적 연구설계' 등 이름은 조금씩 다르나, 창의력이 높은 학생을 선발하기 위해 창의력 점수 비중을 매년 높이고 있다.* 영재학교 3년의 교육과정에서도 그를 위한 다양한 수업이 이뤄지고 있다.

그렇다면 창의력이란 무엇일까? 창의력에 대해 잘 알기 위해서는 그에 대한 오해를 살펴보면 쉽게 이해할 수 있다.

① 창의력은 특별한 사람에게만 있을 것이다

창의력을 연구하는 심리학자들도 초기에는 창의력이 뉴턴이나 아인슈타인과 같은 소수의 탁월한 사람에게만 있다고 했다. 그러나 1960년대 이후 창의력을 연구한 결과, 창의력은 누구에게나 잠재되어 있으며 문제는 잠재된 창의력을 어떻게 계발하느냐에 달려 있다는 결론에 닿았다. 창의력은 특별히 탁월한 사람에게만 있는 것이 아닌, 모든 사람이 그 잠재력을 가지고 있다는 것이다.

② 창의력은 계발되는 것이 아니다

창의력은 새롭고 적절한 아이디어를 내는 것이다. 그러므로 가정이나 학교에서 창의력을 계발시킬 수 있는 다양한 프로그램에 따라

---

* 　한국과학영재학교와 서울과학고등학교의 경우 3단계 전형 중에서 2단계가 '창의적 문제해결력' 평가이며 3단계 영재캠프에서도 '창의적 연구설계' 등과 같은 창의력 측정 비중이 높다.

교육한다면, 그리고 창의력이 잘 계발될 수 있는 가정, 학교 환경을
만들어준다면 창의력은 얼마든지 계발될 수 있다.

③ 공부 잘하는 아이가 창의력도 높을 것이다

공부를 잘한다는 것은 학습하는 능력이나 속도가 빠르고 지능이
높다는 의미다. 공부와 창의력의 관계는 2가지 관점이 서로 다르다.
공부를 많이 해서 기존 기식이 많아지면 고정관념도 많이 생겨 그로
인해 새롭고, 독창적이며, 융통성 있는 아이디어를 내는 데 오히려
방해가 된다는 관점이다. 반대로 공부를 많이 하면 어떤 분야의 지식
이 풍부해서 기존의 문제점도 잘 알 수 있기에 오히려 문제점을 해
결하기 위한 창의적인 아이디어를 내는 데 도움이 된다는 관점도 있
다. 최근에는 후자가 창의력 연구자들의 지지를 더 많이 받고 있다.

우리 아이
창의력 점수는?

우리 아이의 창의력 점수는 어느 정도일까? 다음 20개 문항을 부모님이 평소 아이의 생활 습관이나 학습 태도 등을 생각하면서 '예' '아니요'로 체크한다. 아이가 직접 답해도 좋다.

	질문	예	아니요
1	어떤 질문에 대해 생각하지도 못한 다양한 방법이나 대답을 내놓는다.		
2	친구와 놀 때 규칙을 바꾸거나 새로운 놀이를 만들어 노는 것을 좋아한다.		
3	새로운 것에 관심 있지만 금방 싫증을 낸다.		
4	다른 세상이나 신기한 이야기를 좋아한다.		

5	길을 걷다가도 신기한 걸 보면 자주 질문한다.		
6	질문하면 '네' 혹은 '아니요'라는 단답형으로 답한다.		
7	국사를 공부하면서 다른 나라 역사도 궁금해한다.		
8	모둠활동에서 재미있는 아이디어를 잘 낸다.		
9	새로운 게임보다 익숙한 게임을 더 좋아한다.		
10	물건이 궁금해서 분해하고 조립하려 한다.		
11	책이나 인터넷으로 답을 찾으려 애쓴다.		
12	다양한 연령의 친구들이 많다.		
13	미래에 대한 SF 영화나 책을 좋아한다.		
14	취미 생활이 다양하고 한번 시작하면 끝을 보려 한다.		
15	혼자 있을 때에는 무얼 해야 할지 잘 모르는 것 같다.		
16	주변에서 아이가 창의적이라는 평가를 한다.		
17	책을 읽으면서 '왜'라고 질문하고 답하려 한다.		
18	상상이나 공상하는 것을 시간 낭비라고 생각한다.		
19	상상을 글, 그림, 만들기 등으로 표현하려 한다.		
20	자기만의 방식으로 공부하고 노는 것을 좋아한다.		

20개 문항에서 '예'라고 답한 수를 적는다. 다음에 5개 문항(3, 6, 9, 15, 18)은 창의력을 해치는 역문항이므로 '예'라고 답한 개수를 총점에서 빼면 아이의 창의력 점수가 된다.

	'예'의 개수
(A) 20개 문항 전체	
(B) 5개 문항(3, 6, 9, 15, 18) 중에서	
창의력 점수 = (A) − (B)	

창의력 점수의 등급은 우리나라 학생 점수의 평균을 기준으로 하여 산출된 등급이다.

점수	등급
17점 이상	매우 우수
12~16점	우수
7~11점	보통
6점 이하	미흡

문항을 잘 살펴보면 창의력이 높은 아이의 행동이나 공부 방법을 잘 알 수 있다. 아이의 창의력 수준을 살펴보고 '우수'하다면 더욱 잘 계발될 수 있도록, '미흡'하다면 창의력을 계발할 수 있는 적극적인 방법을 찾아봐야 한다. 가정이나 학교에서 창의력을 계발시킬 수 있는 구체적인 방법을 다음에서 알아보자.

가정에서 키우는
우리 아이 창의력

"집에서 창의력을 키울 수 있다고요?"

"또 창의력 계발 학원에 보내야 하나요?"

"창의력, 좋긴 한데 학교에 그런 과목이 없잖아요?"

"공부하기도 바쁜데 창의력 키울 시간이 어디 있겠어요?"

"창의력은 학교나 학원에서 가르쳐야 하는 거 아닌가요?"

부모는 대개 아이의 창의력이 중요하다는 것은 알지만 당장 위와 같은 질문을 먼저 떠올린다. 창의력을 키우는 일이 새로운 숙제가 되고 공부하기도 바쁜데 별도로 시간을 내야 한다는 부담감조차 든다. 어느새 '교육'이라는 단어는 학교나 학원에서 하는 공부와 시험이 전부라는 것이 현실이 되었다.

그러나 창의력은 특별히 배워야 할 새로운 과목이 아니다. 더욱이 창의력을 학원에서 돈을 들여 배워야 하는 것도 아니다. 오히려 일상생활이 아이의 창의력을 키우는 데 더 큰 도움이 된다. 창의력 계발에 부모가 중요한 역할을 할 수 있다. 창의력을 키우는 데는 익숙한 것을 낯설게도 볼 수 있는 민감성, 도전심과 모험심, 심리적인 안정감이 중요하기 때문이다. 학문적으로나 사회적으로 창의력이 탁월했던 인물들의 어린 시절 가정교육 방식을 살펴보면 이를 잘 알 수 있다. 다음의 몇 가지 특징을 살펴보자.

① 아이가 자주 질문하고 생각하는 습관을 기르도록 한다

아이는 어릴수록 '왜'라는 질문을 끊임없이 한다. TV를 보거나 장난감을 가지고 놀거나 이야기할 때, 특히 밖에서 새로운 것을 봤을 때 그 질문으로 호기심을 표현한다. '왜'라고 자주 물어보는 아이일수록 지적 호기심이 높다고 볼 수 있다. 아이가 자주 그렇게 물어볼 수 있다면 창의력이란 보물이 가득한 동시에 화목한 가정환경에 있는 것이다.

여기서 문제는 아이가 질문했을 때 가족이 어떻게 반응하느냐에 따라, 창의력이 계발되느냐 아니면 묻히고 마느냐가 결정된다는 점

이다. 아이의 단순하고도 반복되는 질문에도 상호작용을 잘해주는 부모라면 아이의 질문은 반짝이는 지적 호기심으로 더 큰 질문과 탐구로 이어져 잠재된 창의력, 즉 원석이 보석으로 계발되는 데 큰 힘이 된다. 그러나 상호작용을 해주지 않으면 아이 안에 잠재되어 있는 창의력이 보석이 되기 전에 그냥 묻혀버리고 만다.

보통 부모는 아이가 질문하면 처음에는 신기해한다. 심지어 '우리 아이가 영재가 아닐까' 하는 생각이 들 정도다. 그러다가 아이가 자주, 그것도 방금 질문한 것을 몇 번이고 다시 질문하면 서서히 지치기 시작한다. 어른의 눈에는 아이의 호기심 어린 질문이 그저 '똑같이 반복되는 쓸데없는 질문' '장난 같은 질문' '유치한 질문' '비논리적인 질문'으로 보일 수 있기 때문이다. 그래서 처음에는 몇 번 잘 대답해주다가도 나중에는 화를 내며 인터넷에서 찾아보거나 다른 사람에게 물어보라고 하며 피한다. 심지어 "그것도 모르냐"라며 질문 자체를 막아버리는 경우도 많다. 그렇기 때문에 부모는 아이의 질문과 답변의 고비를 슬기롭게 잘 넘겨야 한다.

부모의 이런 답변 태도와 화난 감정 탓에 창의력 계발에 아주 중요한 원료인 '지적 호기심'이 사라져버린다. 세상에서 가장 인정받고 싶어 하는 대상인 부모와의 대화가 차단되어 질문 자체를 하기 어렵게 되는 경우가 많다. 아이는 '언어'라는 도구를 통해 세상을 본다. '왜'라는 호기심에서 시작하여 질문하고 사고하면서 지능과 창의력을 발달시켜나간다. 아이가 자기의 눈높이에 맞게 질문하는 것이 당연하다. 그렇기에 부모는 인내심을 가지고 아이가 이해할 수 있는 언어 수준과 태도로 가능한 한 아이의 눈을 맞추며 따뜻하게 호응해줘야 한다. 반복되는 질문이라도 웃으며 다양하게 생각할 수 있도록 답하고 "너라면 어떻게 하겠니?" "너는 어떻게 생각하니?"라며 아이가 스스로 답을 찾을 수 있도록 유도하는 게 좋다.

역으로 부모가 아이에게 질문할 때가 있는데 이때 중요한 점은 질문하고 나서 꼭 몇 초 정도 스스로 생각하고 답할 수 있도록 기다려줘야 한다는 것이다.* 부모의 의견은 가능한 한 나중에 제시하고 아이가 자기의 이야기를 마음껏 할 수 있도록 기다려준다. 질문을 장려하고 질문을 통해 스스로 답을 구하도록 하며 부모와 따뜻한 관계를 형성하여 아이가 심리적인 안정감 속에 창의력을 계발해갈 수 있도록 아이도 부모도 습관을 들여야 한다.

② 다양한 경험을 해보라고 격려하고 부모가 같이하려고 노력한다

새롭고 다양한 경험을 많이 한 아이일수록 창의력이 발달한다. 다양한 경험을 통해 아이는 다양한 관점에서 많은 생각(유창성, 융통

---

* 미국 교육부의 교사 지침서에는 교사가 질문하고 아이가 답할 때까지 8초를 기다리라고 적혀 있다.

성)을 하게 된다. 이를 나만의 것으로 정리하고(독창성) 경험에서 배운 생각을 더욱 발전시키면서(정교성) 창의력이 계발된다. 직접적인 경험으로는 부모나 전문가(선생님, 멘토)와의 대화나 여행, 박물관·과학관·미술관 관람 등이 있는데, 요즘에는 단순한 전시 관람에서 벗어나 체험하고 배울 수 있는 프로그램이 많이 있어서 아이들이 쉽고 재미있게 접할 수 있다.

다양한 경험을 통해 꿈을 찾는다면 그 꿈을 이루기 위해 공부하는 목적도 명확해질 것이다. 여기서 부모들이 자주 하는 실수가 있다. 아이가 여러 장소에서 많은 체험을 할 수 있도록 시간 계획을 세워주고 아이를 모는 경우가 있는데, 이것만은 피해야 한다. 아이가 자신의 관점에서 스스로 해보고 싶고 관심 있는 것을 선택해서 체험할 수 있도록 지원해줘야 아이가 자신이 선택한 것에 흥미와 관심 그리고 책임감을 가지고 몰두할 수 있다.

③ 독서하며 토론하고 메모하는 습관을 길러준다

스티브 잡스나 빌 게이츠가 자녀를 키운 가정환경과 양육 방식을 살펴보자. 세계적인 IT 기업의 회장답게 집 안 곳곳에 최첨단 컴퓨터와 스마트기기로 넘쳐날 것 같지만, 오히려 이들은 자녀가 13세가 되기 전까지 들이지 않았다고 한다. 대신 책장과 책상을 만들어 평소 책을 읽고, 가능한 한 저녁은 가족과 함께하며, 식사하면서는 피크닉이나 재활용 쓰레기 같은 사소한 문제부터 사회문제에 이르기까지 다양한 소재로 대화를 나누거나 생각하기를 즐겼다고 한다.

아이와 책을 읽고 나서 이야기를 나누라고 하면, 어른은 흔히 아이에게 질문하여 책 내용을 확인하거나 그에 관해 본인이 아는 것을 설명해준다. 그러나 이것은 아이에게 큰 도움이 되지 않는다. 책에 직접 쓰여 있는 사실적 수준의 질문보다는 글의 행간을 읽거나 글에 기초한 정보를 바탕으로 미루어 짐작할 수 있는 추론적 수준의 질문을 하는 것이 좋다. 더 나아가 책 내용을 비판하거나 감상하기 위한 질문을 하면 더욱 좋다. 또한 책을 읽고 궁금한 것은 아이가 또 다른 책을 찾아보면 되기에 굳이 설명하지 않아도 된다. 적절한 질문으로 이야기를 끌어내고 잘 들어주면 되는 것이다.

독서하는 아이와 게임하는 아이의 뇌를 분석한 결과, 독서하는 아이의 뇌는 전 영역을 골고루 연결하며 활성화되었다. 그러나 게임에 몰두하는 뇌는 일부분만 과활성화된 것으로 나타났다. 창의력은 서로 다른 것을 연결해가면서 새로운 아이디어와 제품으로 만들어가는 특성이 있다. 책을 읽으며 상상하고 생각하는 힘이 뇌의 전혀 다른 영역들을 서로 연결하면서(원격연합) 창의력을 계발하는 원동력이 된다.

다음으로 메모하는 습관을 들이는 것이다. '기록'은 '기억'을 지배하기 때문이다. 흔히 메모는 기억하기 위해 적는 것이라고 단순하게 생각하기 쉽고, 이를 귀찮아하는 경향도 있다. 그러나 막연하게 순간적으로 떠오르는 여러 생각을 기승전결, 논리적으로 다듬고 여러 생각을 연결시키고, 순간적인 아이디어를 장기 기억으로 만들기 위한 중요한 작업이 바로 메모하는 습관이다. 학창 시절에 열심히 책과 노트에 선생님이 가르쳐준 내용을 적고 밑줄, 색색의 형광펜, 포스트잇 붙이기, 개념을 그림으로 그리기 등 본인이 좋아하는 기록 방법에 따라 정리하던 것을 생각하면 이해하기가 쉽다.

그리고 적어놓았던 아이디어를 다시 보고 새로운 아이디어와 결합해서 더욱 창의적인 아이디어로 발전시켜나가는 습관이 중요하다. 창의적으로 메모하는 방식에는 '마인드맵'과 같이 하나의 주제에서 여러 형태로 가지를 치면서 아이디어를 발전시키는 방법이 있으며 벽면이나 화이트보드에 접착메모지를 붙여나가면서 아이디어를 발전시키는 것도 창의력을 계발하는 데 아주 좋은 기법이다.

④ 긍정적인 평가와 칭찬, 인정하는 말을 자주 한다

"칭찬은 고래도 춤추게 한다"라는 말처럼 사람은 주위 사람, 특히 가까운 가족이나 부모에게 인정받고 칭찬받고 싶어 한다. 아이는 칭찬을 받으면 그에 부응하여 더 칭찬받기 위해 열심히 노력하게 된다. 칭찬받았던 작은 행동이 반복되어 습관으로 발달하기 때문이다.

창의적인 아이디어는 따뜻하게 샤워할 때나 맛있는 빵이나 커피

향기를 맡을 때처럼 따뜻하고 안정된 심리 상태에서 탄생할 때가 많다. 이는 아이도 마찬가지다.

아이에게 칭찬이 좋다고는 이미 알고 있지만 다음과 같이 비판하고 혼내는 말이 익숙하지는 않은가도 돌아보는 것이 좋다.

"말도 안 되는 소리 하지도 마."

"그것 봐! 내가 안 된다고 했잖아."

"쓸데없는 짓 좀 그만하고 공부나 해."

"너는 말이 너무 많아. 하라는 대로 하라고!"

"선생님이 안 된다고 할 텐데."

"네가 하는 일이 다 그렇지 뭐."

"신경 쓰지 말고, 네 할 일이나 해."

"너 지금 누굴 가르치는 거니?"

"시키는 대로 그냥 해."

"다른 사람들이 어떻게 생각하겠어?"

"그런 일로 사람 피곤하게 하지 마."

"너 지금 반항하는 거니?"

이렇게 부정적인 말보다는 긍정적으로 칭찬하고, 실패해도 다시 일어날 수 있도록 격려하는 말을 자주 해주도록 하자. 부모님이 자주 칭찬하고 긍정적으로 기대하고 평가해주는 습관을 들이는 것이 중요하다.

"엄마(아빠)는 네가 잘해낼 거라고 믿어."

"잘했어. 지금 잘하고 있는 거야."

"아주 좋은 생각이야."

"어떻게 이런 좋은 아이디어를 낼 수 있니?"

"그렇게 계속해내면 성공할 거야."

"누구나 실수할 수 있어. 괜찮아."

"지금은 힘들지만, 반드시 해낼 거야."

⑤ 창의적인 가정환경을 위해 부모도 함께 노력한다

창의적인 가정환경을 만들려면, 앞서 얘기한 것처럼 부모가 아이에게 칭찬과 격려를 아끼지 않고 아이 눈높이에 맞게 이야기를 나누어 스스로 질문하고 답을 찾도록 기다려주는 것이 좋다. 또한 다양한 경험을 쌓게 하며, 떠오르는 생각을 메모하는 습관을 들이도록 도와준다.

그러나 가장 중요한 것은 아이의 창의력을 키우고자 하는 부모의 솔선수범이다. 소파에 누워 TV를 보거나 스마트폰 게임을 하면서 아이에게 책상에 앉아 독서와 공부를 하라고 강요하는 것은 억지이며, 아이와 이야기를 나눌 따뜻한 분위기나 기회를 만들기조차 어렵게 된다. 부모도 아이의 소중한 창의력 계발을 위해 시간과 노력을 들여야한다. 예를 들면 다음과 같은 것들이 있다.

①아이와 함께 책을 읽고 '내가 만약 주인공이라면?' '내가 만약 작가라면?' 등의 주제를 정해 메모지에 아이디어를 적어 붙여나가기 ②그림을 그리면서 아이디어를 계속 발전시킬 수 있도록 하기 (브레인스토밍, 마인드맵) ③집 안 곳곳에 책을 두고 앉을 수 있는 책상(탁자)과 의자를 두고 책 읽기 ④아이와 함께 집안일도 같이하고 요리도 같이하면서 아이와 이야기하기 등.

아이의 창의력 계발에는 거창한 방법이 필요하지 않다. 그리고 많은 돈을 들여야 하는 특별한 일도 아니다. 가족의 일상에서 조금만 더 관심을 기울이고 시간을 들이면 된다. 아이와 따뜻하게 눈을 맞추며 이야기를 나누고, 같이 책을 보며 질문하고, 어떤 문제를 다양한 방법으로 해결해보려고 함께 고민하는 그런 평범하지만 어려운 일상이야말로 숨은 창의력을 꺼내 빛나는 보석으로 만들어줄 것이다.

창의력 계발을 위해
학교와 선생님이 바뀌어야

"학교에서 창의력을 잘 계발시켜줄 수 있을까?"

"우리 때처럼 가르친다면, 창의력이 계발될 수 있을까?"

"창의력은 별도의 교과서나 수업 시간이 있어야 하는 거 아닌가?"

"영재학교, 과학고는 입시에 창의력 항목이 들어 있다던데."

"어디 창의력 학원이라도 알아봐야 하는 것 아닌가?"

1950년대 미국 심리학회 회장이 기조연설에서 "하나의 정답만을 찾던 시대에서 다양한 답을 찾는 창의력이 중요해지는 시대로 변화할 것이다"라고 했을 때만 해도 창의력은 일부 심리학자의 연구 주제일 뿐이었다. 그러다가 구소련의 우주선 발사로 과학과 교육 분야에서 새로운 혁신 방안을 모색하게 된 것이다. 하나의 정답만을 가르치고 평가하던 교육 시스템에서 벗어나 다양하고 새로우며 적절한 해답을 찾아내는 창의력 교육에 관심을 가지게 되었다. 정부에서 창의력 계발 교육을 시작하면서 가장 먼저 실시했던 것이 선생님들에 대한 연수였다. 물론 창의력 계발이 학교교육에 도입되기 전에 기업은 브레인스토밍, 장단점 열거법, 스캠퍼(SCAMPER)와 같은 창의력 계발 기법을 먼저 적용하면서 기업 혁신을 시도하였고, 뒤이어 교육 현장에 창의력 계발 프로그램이 도입되었다.

한발 늦긴 하였지만 우리나라의 경우도 마찬가지다. 2000년에 '창의력이란 무엇인가'를 주제로 학회 차원의 연구가 처음 시작되었다(물론 그 전에도 드물게 창의력에 관한 논문은 간혹 있었다). 그러다가 2008년 이명박 정부가 들어서면서 창의력과 따뜻한 인성을 갖춘 '창의인성교육'이 교육정책의 목표가 되었고, 이를 계기로 정부 차원에서 활발하게 시작되어 오늘날의 창의력 교육으로 발전하게 되었다.

세계적으로 유명한 창의력 연구의 대가인 폴 토랜스 교수가 "창의력은 국가의 부와 연결되어 있고, 창의적 인재 육성에 국가가 노력해야 한다"고 강조한 것처럼, 우리나라는 세계 어느 나라보다도 발빠르게 정부가 주도하여 창의력 교육을 시작하였다. 그러나 창의력이 학교에 처음 도입될 때에는 연구자 간에도 많은 논란이 있었다.

"창의력이라는 과목을 별도로 만들어야 하는 것인가?"
"창의력을 전체 교육과정 또는 교과별 특성에 맞게 어떻게 교육할 수 있지?"
"기존의 국어, 수학, 과학, 사회와 같은 과목에 포함시켜야 하나?"
"수업에서 창의력을 어떻게 가르쳐야 하지?"
"정규 수업 시간에 해야 할지, 방과 후에 교육해야 하는 것인지?"
"창의적인 교육을 위해서 선생님이 창의력을 먼저 갖추어야 한다."

여러 논의 끝에 창의력을 계발하기 위하여 학교와 선생님, 교과서와 수업 방식이 많이 바뀌었다. 그리고 창의력이란 별도의 교과서를 만들지 않고 국어, 수학, 사회, 미술 등의 과목에 창의력 계발을 위한 내용을 넣고, 익힌 개념으로 실생활과 연계된 문제를 창의적으로 해결하기 위한 심화학습 등을 포함시키는 것으로 결정되었다. 게다가 별도의 창의적 체험활동(자율·동아리·봉사·진로) 시간을 만들었으며 창의력 계발을 위한 동아리활동을 확대하였다.

영재학교와 과학고의 입시제도와 교육도 과학 분야의 학업 적성이 우수한 학생 중에서도 창의력이 우수한 학생을 선발하기 위해 입시에서 '창의적 문제해결력' '창의적 설계' 등의 시험을 추가하여 창의력 점수의 비중을 높이고 다단계전형을 실시하고 있다. 예를 들면, 한국과학영재학교의 경우 1단계 학생 기록물 평가, 2단계 창의적 문제해결력 평가, 3단계 영재성 다면평가로 이루어진다. 영재학교인 서울과학고도 1단계 학생 기록물 평가, 2단계 영재성 검사 및 사고력 검사, 창의성·문제해결력 검사, 3단계 과학영재캠프(창의적 연구설계 등)로 진행하고 있다.

여기서 중요한 점은 '교육은 교사의 역량을 뛰어넘을 수 없다'는 것이다. 다시 말하면 학교 선생님의 창의력에 대한 생각과 수업 방식이 바뀌어야 한다는 것이다. 우리나라 선생님 사이에서는 미래 사회에 창의력과 창의적인 사람이 더욱 중요해질 것이라는 공감대는 폭넓게 형성되었다. 그러나 아이러니하게도 자기 반에 창의적인 학생이 있다면 불편하다는 부정적 인식이 큰 것도 사실이다. 창의력에 대한 이중적인 잣대가 작용한 것이다.

수업 시간에 예상치 못한 엉뚱한 질문을 하는 학생을 교사는 다음과 같이 생각한다고 한다.

—수업 진도를 방해할 것이다.
—선생님에게 도전하는 문제아로 낙인 찍힐 가능성이 높다.
—다른 학생들과 잘 어울리지 못할 것이다.
—대체로 비협조적이고 말이 많다.

미국에서는 지난 20년간 창의력 계발을 위해 학교 선생님을 위한 여러 정책적인 노력이 있었다. 그러나 그들을 변화시키기에는 어려움이 많았다.

— 기존의 교수 방법을 고수하고 새로운 변화를 거부한다.
— 학생들의 특별한 아이디어를 수용하기보다 그들의 잘못을 고쳐 주고 비판하는 것에 익숙하기 때문에 변화하기 힘들다.
— 집단의 성공을 중시하는 분위기에서 창의적인 생각을 가진 학생을 격려하지 못한다.
— 만약 학생의 창의성이 높아지면 정상적인 사회생활을 하기 어렵고 비협조적인 사람이 될 위험이 있다고 우려한다.

그래서 우리나라도 매년 선생님의 창의력에 대한 인식을 바꾸고 가르치는 방식을 개선하기 위해 다양한 연수가 전국 창의력 거점 센터에서 이뤄지고 있다. 우리 아이의 창의력을 키우는 것은 이제 가정과 학교, 사회 모두의 책임이다. 그러나 영어 단어 외우듯, 수학 문제 하나 더 풀듯 공부한다고 해서 계발되는 것은 아니다.

학생의 창의력 계발을 위해서는 먼저 선생님의 생각이 바뀌어야 한다. 왜냐하면 미래를 살아갈 학생들은 지금보다 더 많은, 그리고 지금까지는 나타나지 않았던 딜레마와 문제를 창의적으로 해결해야 하기 때문이다. 창의적인 선생님은 수업할 때 학생에게 창의적 질문을 하도록 유도하고 격려하며 다양한 관점에서 생각하도록 이끈다. 정답을 찾기보다는 문제 해결 과정을 중요하게 평가하며 학생을 격려한다.

그리고 학생 개개인의 창의력도 중요하지만, 반 전체 학생들이 창의적으로 질문하고 답할 수 있는 집단 창의력 계발을 위한 수업 분위기를 만들어야 한다. 당장은 진도를 나가고 문제 푸는 시간에 방해될지 모르지만 익숙해지면 훨씬 즐겁게 공부하고 아이들 스스로 창의적인 문제해결을 위해 더 깊이 공부하는 학생으로 성장해나갈 것이다.

그다음으로 교실 환경도 바뀌어야 한다. 전국 어디서나 우리나라 학교 교실의 모습은 거의 똑같다. 심지어 새로운 디자인으로 학교를 설계하면 다른 학교와 형평성에 맞지 않는다며 교육청에서 거부하는 것이 현실이다. 천편일률적인 학교의 건축 양식도 당장은 어렵겠지만 미래지향적이고 창의적인 모습으로 개선되어야 한다. 아이들이 창의적인 아이디어와 다양하고 개성 있는 성과물을 낼 수 있는 공간으로 바뀌는 것이 바람직하다.

창의력을 중시하는 공감대가 학부모, 선생님, 학교 사이에서 형성되었다면 이제는 수업 방식, 교실 환경, 나아가 교육 당국의 정책과 예산 투자가 이어질 차례다.

공부 잘하는 아이가
창의력도 높을까

"창의력과 공부에 어떤 상관관계가 있지?"

"공부를 잘하면 창의력도 높지 않을까?"

"공부를 잘하면 창의력에 방해가 되지 않을까?"

"창의력은 기발한 생각을 하는 거니까 공부와 관계없을 거야."

창의적인 아이디어는 새롭고 가치 있는 것이다. 여기서 새롭기만 하거나 가치만 있어서는 안 되고 둘 다 있어야 한다. 새롭고 독창적인 가치와 경제성이 있고 유용한 창의적인 아이디어나 제품일수록 고부가가치를 형성하여 미래의 부를 획득할 확률이 높아진다. 그런데 창의력과 지능 또는 학교 공부와의 관계는 창의력을 연구하는 연구자 사이에도 의견이 엇갈린다.

먼저 창의력은 공부와는 관계가 별로 없고 오히려 공부를 많이 할수록 창의적인 아이디어를 내는 데 방해된다는 의견이 있다. 공부를 잘한다는 것은 교과서의 기존 지식을 많이 안다는 말이다. 공부하면 할수록 문제를 해결할 때 아무래도 공부했던 지식이나 고정관념, 정해진 틀 안에서만 답을 찾으려는 경향이 높기 때문에 아이디어를 내야 하는 창의력에는 기존의 공부 방식이 오히려 방해된다는 것이다.

특히 시험 성적을 중시하고 시험 결과에 따라 내신과 대입이 결정되는 동양권에서는 더욱 그렇다. 중간고사와 기말고사에 대비하여 교과서에 나온 개념과 문제를 선생님이 일목요연하게 정리하여 강의식으로 잘 설명하면, 학생은 강의를 이해하고 노트에 필기한다. 그리고 반복하여 잘 외운 다음 쉬운 문제부터 어려운 문제까지 누구에게나 똑같이 주어진 시간 안에 많은 문제를 빨리 풀고 객관식 문항의 정답을 잘 맞혀야 높은 성적을 거둘 수 있다.

그리고 시험지 채점과 평가 방식도 서술형, 논술형보다는 4·5지 선다형과 같은 정답 선택형 시험이 주를 이룬다. 왜냐하면 채점 결과의 오류가 적고 평가에 대한 학생이나 학부모의 불만이나 민원도 없기 때문에 시험 점수를 등수화, 서열화 하기 용이한 방식을 학교와 입시에서 여전히 선호하기 때문이다.

이것도 부족하여 사교육에 많은 시간과 비용을 지불하면서 시험에서 높은 점수를 받을 수 있도록 기출문제 유형 익히기와 반복적인 문제 풀기를 훈련시킨다. 결국 우리나라에서 서열화된 좋은 대학에는 소수의 합격자만 들어가는 경쟁에서 이겨야 입학할 수 있기 때문이다. 그리고 상대평가방식의 등급과 줄을 세우기 위한 대입 경쟁에 맞춰 초중고 평가 시스템이 만들어졌다.

물론 이런 평가 시스템은 누구나 공부만 잘하면 성공할 수 있는 '기회의 평등'이 주어진다는 장점도 있다. 전국 어디서든 누구에게나, 부자나 가난한 학생이나 관계없이, 전국에서 같은 교과서로 성실하고 열심히 공부하여 높은 성적을 잘 받으면 좋은 대학에 입학하여 입신양명할 수 있는 공평한 기회가 주어지는 제도라고 생각하기 쉽다. 그리고 대입 시험과 마찬가지로 정부의 고위공직자로 진출할 수 있는 행정고시, 사법고시, 외무고시, 의사국가고시, 회계사, 변리사 등과 같은 전문 자격 시험으로 공직 사회나 고연봉의 전문직에 진출할 수 있는 기회가 평등한 사회를 만드는 데 기여하기도 했다. 그러나 한편으로는 과연 기회가 평등한 사회일까를 생각해본다. 정시 비율이 커질수록 주요 대학의 입학에서 사교육 기관이 몰린 특수 지역의 학생수가 훨씬 많다는 사실은 아이러니하다.

미국은 대학 입시에 관련된 시험 중에 1년에 몇 번 치르는 SAT가 있지만 고등학교 교육이 대입 시험인 SAT를 준비하기 위한 과정은 아니었다. 그러나 미국도 이제 무역적자와 재정적자를 겪으면서 경제가 어려워졌다. 따라서 과거와 달리 좋은 대학에 가서 고연봉의 전문 직종에 진출하려는 경향이 높아졌다. 이 틈에 미국에서는 그동안 존재하지 않던 한국식 학원이 나타났는데 수년간의 기출문제를 유형별로 잘 분류하여 높은 점수를 받도록 잘 가르쳐주는 바람에 SAT 점수를 잘 따려는 미국 학생이 급격히 늘었다고 한다.

세계 최초의 과거 시험은 전국의 실력 있는 인재를 고르게 등용하기 위해 중국 당나라 때 만들어져 우리나라에는 고려시대에 도입되었다. 그동안 여러 변화를 거쳤으나 과거 시험과 같은 평가제도는 여전히 유지되고 있다.

한편 최근에는 공부를 잘할수록 창의력도 높아진다는 연구 결과가 많아지고 있다. 창의적인 아이디어를 내거나 제품을 만든다면 그 분야에서 새롭고 가치 있으며 유용하다는 평가와 검증을 받아야 한다. 그래서 해당 전문 분야에서 10년 이상의 지식을 쌓아야 문제점을 제대로 인식할 수 있어서 문제를 해결하기 위한 새로운 창의적인 아이디어를 낼 수 있다는 '10년의 법칙'이 많은 지지를 받고 있는 것이다. 컴퓨터 황제 빌 게이츠, 프로그래밍 귀재 빌 조이, 록의 전설 비틀스 등의 아웃라이어가 성공할 수 있었던 결정적인 비밀을 파헤친 말콤 글래드웰의 『아웃라이어』의 '1만 시간의 법칙'도 '10년의 법칙'과 비슷한 주장을 한다.

미국의 창의력 연구자들은 창의력이란 자유로운 분위기에서 평가 없이 게임하듯 즐겁게 공부해야 발휘된다고 생각했다. 이런 관점에서 보면 한국 학생의 창의력은 낮아야 한다. 그런데 아시아의 최빈국이었던 한국이 한강의 기적을 이루며 세계 10위권의 경제대국으로 성장하고 특히 삼성, 현대, LG 등이 글로벌 기업으로 성장하자 성공의 비결을 연구하는 과정에서 창의성은 동서양의 문화 차이가 있음을 발견하게 되었다. 아주 새로운 아이디어도 중요하지만 옛것을 중시하고 새롭게 창조하는 온고지신(溫故知新)도 창의성 계발에 중요하다는 것이다. 즉, 옛것을 변형, 재구조화, 디자인과 실용성, 기능을 향상시켜 새로운 창의적인 제품으로 탄생시키는 것도 중요하다.

이런 관점에서 살펴보면 우리나라 학생들이 창의력을 발휘할 수 있는데, 지금까지 잘 쌓아온 축적된 공부가 오히려 창의력 계발의 큰 동력이 될 수 있다. 다만 잠재되어 있는 보물 창의력이 잘 발현되기 위해서는 학교와 선생님, 학부모 모두가 변해야 한다. 교실에서 성적이 우수한 아이 위주로 수업하고 교과서와 참고서, 문제집의 정해진 정답찾기식의 반복적인 문제 풀기 중심의 수업에서 벗어나려고 노력해야 한다.

선생님의 다양하고 창의적인 교수법의 시도, 다채로운 질문과 아이디어를 낼 수 있고 개성 있는 성과물을 전시하고 장려하는 창의적인 교실 환경 조성, 학생 개인뿐만 아니라 전체 학생의 집단 창의력이 발현될 수 있도록 다양한 창의력 계발 프로그램을 수업에 적용한다면 비록 처음에는 학습 진도가 늦을지 몰라도 아이들은 공부에 흥미를 느끼게 되고 성적도 오르고 창의력도 더욱 커지는 놀라운 학습의 전이 효과가 생기게 될 것이다. 공부에 흥미가 생기고, 새롭게 아는 게 즐거워지면 아이들은 공부에 더욱 노력을 쏟을 것이고, 창의적으로 문제를 해결하기 위해 다양한 지식과 과목을 연결하면서 공부에 힘을 쏟을 수 있게 된다.

부모도 아이의 지적 호기심이 왕성할 때, 창의력으로 이어지도록 잘 계발시켜줘야 한다. 아이와 함께 책을 보고 과학관, 박물관, 미술관도 다니면서 아이가 질문해 오면 스스로 답을 생각해낼 수 있도록 충분히 시간을 들이고 관심을 기울여야 한다. 당장 학교 성적으로 연결되지는 않겠지만 아이에게는 창의적 인재로 성장하는 데 큰 도움이 될 것이다.

공부와 창의력, 이제는 함께 가야 할 상호보완적인 요소이다.

창의융합형
인재의 성공 조건

"지금 수학, 영어 문제 하나 더 풀기도 바쁜데…."

"창의융합력을 갖추려면 별도로 공부해야 할까?"

"창의융합력이 중요하다고는 하지만 우리나라 교육 실정에 맞을까?"

"창의력과 융합력을 갖춘 성공한 사람은 어떤 특징이 있을까?"

2000년부터 2020년까지 노벨상 수상자 가운데 단독 수상자는 단 2명뿐이고 다른 분야와 융합하여 노벨상을 집단으로 수상한 과학자들이 대부분을 차지했다는 뉴스는 우리에게 많은 점을 시사한다.

혼자 연구실 책상에 앉아 문제를 해결할 수 있었던 시대는 지났다. 이제 복잡한 사회 이슈를 수학·과학기술과 함께 해결하고 언어학자나 생명공학자, 법학자가 자기 분야에서 필요한 소프트웨어 프로그램을 직접 개발하고, 사회학·심리학적 관점에서 빅데이터를 해석하고 예측하며, 창의적인 디자인으로 로봇에 생기를 불어넣는 융합의 시대가 되었다. 마치 철학을 전공한 스티브 잡스가 아이폰을 출시하고 지금의 스마트 세계를 개척할 수 있었던 배경에는 인문학적 소양이 테크놀로지와 융합했기 때문이라고 강조한 것과도 같다.

창의력과 융합력을 갖춘 인재를 '창의융합형' 인재라고 한다. 사회적으로나 학문적으로 성공한 창의융합형 인재들은 어떠한 가정교육을 받았고 학교와 사회에서 어떻게 성공하였는지를 살펴본다면, 우리 아이 교육에 적절히 적용할 수 있을 것이다.

서울대학 의과대 출신 안철수가 컴퓨터 바이러스 백신 V3 개발자로 인생 항로를 바꾼 계기가 있다. 그는 히로나카 헤이스케의 저서 『학문의 즐거움』을 읽고 나서 그러한 결심을 하였다고 한다. 히로나카는 4년에 한 번씩 수학 난제를 해결한 40세 미만의 수학자에게 수여하는 수학계의 노벨상 '필즈상'을 동양인 최초로 수상했다. 그 배경에는 가난한 어린 시절 아들의 지적 호기심을 키워주고 "커서 공부하면 잘 알게 될 거야"라며 격려해준 어머니가 있었다.

또한 뒤늦게 시작한 미국 유학에서 창의적이고 독자적으로 문제를 해결할 수 있도록 오랫동안 지도하고 격려해준 하버드대학의 지도교수가 있었다. 히로나카는 이 두 사람이 있었기에 포기하지 않고 수학에 전념할 수 있었다고 한다. 그리고 그는 수학의 난제를 해결하는 데 도움이 되었던 4가지 요인을 다음과 같이 꼽았다.

첫 번째는 음악이다. 학창 시절 열심히 했던 피아노가 수학 난제를 해결하는 데 무한한 상상력과 창의력을 제공하는 큰 힘이 되었다. 음악이 주는 아름다운 음의 순열과 조합이 수학의 난제를 해결하는 데 도움이 되었고, 고등학교 2학년 때까지 음악에 쏟아부은 열정이 난관에 봉착할 수밖에 없는 수학 난제를 해결하는 데 에너지원이 된 것이다.

두 번째는 불교의 인연(因緣)이라는 개념이다. 어떤 한 부분만을 나누어 분석하지 않고, 부분은 전체와 연결되어 있음을 깨닫고 전체의 연결성을 보려고 했다. 눈앞에 보이는 현상과 함께 그 이면의 그림자를 보면서 모든 것은 연결되어 있다는 불교의 '연'을 떠올렸는데 이는 수학 난제 해결에 도움이 되었다고 한다(살아 있는 모든 것은 큰 우주와 인연이 되어 모두 연결되어 있다고 믿었다).

세 번째는 문제를 해결하려는 끈질긴 집념이었다. 그는 "어떤 문제에 부딪히면 나는 미리 남보다 몇 배의 시간을 더 투자할 각오를 한다. 그것이야말로 평범한 두뇌를 가진 내가 할 수 있는 유일한 방법이기 때문이다"라며, 영어도 수학 실력도 부족했지만 하버드대학 박사과정에서 남들이 1시간에 해결할 과제를 10시간이 넘게 걸리더라도 해결하겠다는 노력과 집념의 태도가 오늘의 그를 만들었고 지금도 그 태도를 유지한다고 했다.

마지막으로 '창의융합력'이다. 그는 "학자는 자기 학문만 연구해서는 안 된다. 자기 학문을 중심으로 다른 학문이나 경제, 정세, 사회 현상 등과 연관 짓거나 다양성에 입각해 새로운 것을 창조해나가는 의지를 가져야 한다"라고 말했다. 과학 분야 노벨상 수상자들의 4가지 공통점인 '시대정신'과 같다고 볼 수 있다.

삼성전자가 내놓은 스마트폰 갤럭시 탄생의 주역이자 최근 중학교 과학 교과서에도 실린 김은아 박사는 특이한 이력을 가지고 있다. 김 박사는 서울과학고와 카이스트를 졸업한 재료공학박사다. 그리고 삼성전자의 최다 특허 소지자이자 오늘의 삼성 휴대전화를 세계적인 수준으로 끌어올리는 데 큰 공을 세운 인물이다.

그녀는 이런 성공의 배경으로 중학교 때 배운 미술을 꼽았다. "과학자도 미래를 그리므로 또 다른 화가"라며 과학만 공부했다면 슈퍼 아몰레드 디스플레이를 개발하지 못했을 것이라고 말했다. 김 박사는 과학에 미술의 아름다움과 창의력을 융합해 아몰레드폰을 개발한 것이다. 그리고 〈아바타〉 같은 SF 영화를 보면서 영화 속 제품들을 끊임없이 현실의 것으로 만들고자 지금도 노력한다고 한다.

창의융합형 인물로 성공한 또 한 사람은 권율이다. 스탠퍼드대학 출신, 예일대학 로스쿨 졸업, 최대 규모 로펌 소속 변호사, 미국 상원의원 입법보좌관, 500대 글로벌 기업 경영컨설팅을 맡고 있는 매킨지 소속 컨설턴트, 구글 비즈니스 운영전략 담당, 미국 연방통신위원회 부국장, 시사 프로그램 진행자이기도 하다. 그는 2006년 CBS에서 방영된 무인도에서 생존하기 서바이벌 프로그램에서 최고의 월계관을 거머쥐며 유명해졌다. 그 비결로는 대학에서 법학을 전공했지만 심리학, 사회학 등 다양한 분야의 지식을 습득해 최선의 전략을 세울 수 있었기 때문이라고 밝혔다. 그리고 그의 성공은 로펌과 구글, 매킨지, 의회 등에서 갈고 닦은 다양한 분야의 경험 때문에 가능했다고 말한 바 있다.

그는 "변호사 일을 해봤기에 남을 설득하는 데 어려움이 없었고, 컨설턴트를 경험했기에 계획을 세워 움직이는 데 익숙했다. 또한 아시아계였기에 소외된 사람의 심리를 알고 연합할 수 있었다"라며 다양한 분야의 공부와 경험이 오늘의 자신을 만들었다고 했다. 그를 강하게 만든 것은 오히려 시련과 실패였다. 어린 시절 그는 미국에서 피부색과 외모가 다르다는 이유로 괴롭힘을 많이 당하여 대인공포증과 강박증이 생겼고 몇 차례 자살을 시도했다. 그랬던 그가 스스로 시련과 절망을 딛고 할 수 있는 것을 하나씩 실천해가며, 성공 경험을 쌓고 더 높은 곳으로 도전해나가면서 더 많이 공부하고 더 많이 경험하여 오늘의 성공을 이룬 것이다.

그렇기에 그는 우리나라의 부모들에게 "아이가 부모에게 이야기하기 편한 환경을 만들어주는 것이 제 몫이라고 생각해요. 한국 문화에서 아이들은 자신의 문제를 부모님께 털어놓기 어려워하죠. 저만 해도 부모님이 저를 사랑한다는 건 알고 있었지만, 혹시나 제게 실망하거나 저를 부끄러워할까 봐 제 문제를 이야기하기가 어려웠어요. 한국은 자살률이 높잖아요. 아이에게 소리 지르거나 꾸짖지 않고 들어줄 수 있는 부모가 돼야 해요. 부모에게도 고민을 이야기하지 못한다면 누구에게 이야기하겠어요. 엄마, 아빠가 많이 도와줘야죠"라고 말했다.

1962년 노벨상을 수상한 왓슨과 크릭의 DNA 나선구조 연구도 전혀 다른 과학 분야인 생물학과 물리학이 만나 학문의 벽을 허물고 열정과 끈기로 창의융합형 연구를 추진한 결과다. 생물학 또는 물리학 하나만으로는 접근하기 어려웠던 DNA 나선구조를 밝힌 그들. 당시에는 두 학문 간의 교류가 활발하지 않던 시절이고 엄격한 분위기의 케임브리지대학이라 더 이뤄지기 어려운 상황이었다. 그러나 크릭의 실험실에서 만난 두 사람은 첫 만남에서부터 공동 주제에 대한 이야기꽃을 피우면서 뜻이 통했다. 두 사람은 "모르는 것에 대해서는 간단한 것부터 출발하자"라는 생각에서 시작했다. 뛰어난 분석력과 통찰력을 지닌 물리학자 크릭과 흥미와 열정이 넘치는 생물학자 왓슨은 수많은 실험 데이터와 논문을 바탕으로 연구를 계속하여 결국 DNA 구조를 밝히는 데 성공하여 노벨상을 받은 것이다.

세상은 이들의 성공에 주목하고 있다. 특히 이들이 많은 시련과 어려움을 극복하고, 엄청난 노력과 시간을 투자해서 이룬 성공이기에 찬사와 박수를 보낸다. 이들의 공통점은 사회적으로나 학문적으로 다양한 분야에서 경험을 쌓았고, 이러한 '창의융합적 경험'의 축적이 성공에 큰 밑바탕이 됐다는 데 많은 사람이 동의한다. 이와 더불어 다른 사람들의 창의융합력을 인정하고 협력하여 더 큰 창의융합력으로 만들어낼 수 있는 소통과 공감력을 갖춘다면 더욱 빛을 발휘할 것이다. 미래를 리드할 자가 되려면 더더욱 이런 혁신역량을 갖춰야 한다.

그런데 슬프게도 우리나라 학생들은 국제학업성취도비교 결과에서 '친구와 협동하기를 좋아함' '친구의 성공을 기뻐함'이라는 항목에서 최하위로 나타났다. 필자는 국제 올림피아드를 참관한 적이 있다. 186개국 청소년이 참여하는 두뇌올림픽이었다. 다른 나라 학생들은 처음 만난 외국 친구와 자기 분야에 대해 대화를 나누며 축제 분위기를 즐기고 있었지만, 한국 학생들은 끼니를 거르고 잠도 줄이며 각자 방에서 필기시험과 실험 준비만 하였다. 물론 대회에서의 입상 성적은 좋았지만 너무 수상 실적에만 매달리는 것 같아 안타까운 마음이 들었다.

우리 아이가 진정한 창의융합력을 발휘하려면, 친구들과 함께 소통하고 공감하며 서로의 장점을 잘 이해하고 공동의 목표 달성을 위해 협동하는 태도부터 키워주는 게 우선 할 일이다.

창의융합형 교육을
도입하는 학교

"교과서도 수업도 창의융합형 교육으로 바뀐다고 하던데?"

"선진국은 이미 과목을 통폐합하고, 융합교육으로 바꿨다는데."

"객관식으로 대입 시험을 치르는 나라는 일본과 한국뿐이라는데."

"이제 일본도 IB제도를 시범적으로 시행한다는데, 우리나라는?"

"융합교육을 한다고 하는데, 도대체 어떻게 한다는 건지?"

지금 부모들이 학교 다닐 때는 '융합교육'이라는 용어를 듣지도
못했을 것이다. 전국 어디나 비슷한 모양의 학교와 교실, 복도와 계
단, 같은 과목, 같은 교과서에 심지어 선생님이 사용하던 교사용 지

도서에 따라 전국이 같은 내용을 동시에 공부했다. 게다가 몇 안 되는 큰 출판사에서 나온 참고서와 문제집으로 전국 모든 학생이 동시에 똑같이 공부하고 비슷한 문제로 시험을 치렀던 시절이었다.

'이건 꼭 시험에 나온다'는 선생님의 잘 정리된 강의식 설명을 듣고 깨알 같은 글씨로 노트 필기를 잘하는 학생이 공부 잘하는 학생이었다. 선생님이 수업 중간에 가르쳐준 예상 시험문제까지 잘 정리된 노트는 시험 때가 되면 학교 앞 복사집에서 인기리에 복사되었다. 11월이 되면 전국의 고3이 대입 시험을 치르고 성적에 맞춰 대학에 입학했다. 그랬던 시대였고 그렇게 살아도 별문제가 없었다.

그러나 시대가 바뀌고 있다. 인공지능은 물론 로봇과도 함께 살아야 하고, 스마트기기는 6개월이 채 지나지 않았는데 새로운 기능과 디자인을 갖춘 신제품이 쏟아져 나와 기존의 것은 중고가 되는 시대다. 컴퓨터와 스마트폰을 중심으로 사물과 사물이, 사물과 인간이, 개인과 세상이 연결된 초융합의 시대인 것이다.

교육도 혁신적으로 변하고 있다.

미국의 '2021 미래교육보고서'에는 학교라는 절대적인 공간과 교실, 제한된 수업 시간이라는 수업 방식이 바뀌고 우수한 학생들이 미네르바스쿨 같은 온라인 수업플랫폼을 갖춘 학교로 몰리고 있다고 밝혔다. 학생들이 온라인 수업에 참여하고 토론하는 수준이 실시간으로 나타나고, 자기주도적 학습으로 미리 공부한 후 참여할 수 있는 인터렉티브 세미나 형식의 수업이 진행된다. 학교와 교실이라는 절대적인 공간과 시간이 온라인으로 자유로워졌다. 이제 하버드 대학이나 MIT 등의 유명 강의를 무크(MOOC)를 통해, 다양한 분야의 전문가 강의를 테드(Ted)나 유튜브를 통해 언제 어디서든 들을 수 있다. 선생님의 수업과 지식이 실시간으로 공유되고, 다양한 첨단 ICT 기술(에듀테크)을 활용한 학교로 진화하고 있는 것이다. 이런 진화 속도에 적응하지 못한 학교는 소멸되고 말 것이라고 미래교육 보고서는 예측한다.

평가제도도 변하고 있다. 기존의 지필형 시험과 객관식 시험은 학생들이 얼마나 잘 알고 있는지를 파악할 수 있는 서술형, 논술형의 주관식 시험으로 바뀌고 있으며, 인공지능이 채점을 하는 시대로 바뀌고 있다. 한발 더 나아가 인공지능이 개인의 능력을 파악해 수준에 맞는 개인별 문제까지 제공해주는 개인별 맞춤형 특성화 지도까지 가능한 평가 시스템으로 전환 중이다.

서술형과 논술형의 대표적인 시험제도는 '국제공통 대학입학 자격시험'인 인터내셔널 바칼로레아(이하 IB)를 들 수 있다. IB는 스위스 비영리기관인 IBO에서 개발하여 운영하는 교육과정과 대입자격 시험제도로 세계적으로 널리 활용되고 있다. 그리고 그동안 영어로만 된 IB를 일본에서 시범적으로 도입하려고 2013년에 일어판 IB를 스위스 IB본부에서 인준받아 일부 학교에서 시범 적용 중이다.

IB에는 한 과목의 지식만 물어보는 것이 아니라 융합적인 지식과 관점이 있어야 답할 수 있는 논술서술형 문제들이 나온다. 예를 들어 '지구온난화에 대해 정치, 사회, 과학, 기술 측면에서 근거를 들어 서술하라' '아프리카의 물 부족 현상을 어떻게 극복할 것인가?' '전쟁이 인류 발전에 미치는 영향' 같은 것으로, 철학, 역사, 수학, 과학, 기술 등 다양한 과목의 지식을 융합하여 서술해야 하는 문항들이다. 우리나라도 IB제도를 경기도, 충청남도, 제주도 교육청 등에서 적용할 수 있는지 검토 중이라고 한다.

교육부는 '미래 사회가 요구하는 창의융합형 인재 양성'을 국가 교육 목표로 설정하여 '2015 개정 교육과정'을 연도별로 단계적으로 확대 시행하고 있다. 개정된 주요 교육 내용은 지금까지 우리가 공부해왔던 문과와 이과 간의 벽을 허물어 학생들이 인문, 사회, 과학기술에 대한 폭넓은 지식을 쌓을 수 있도록 융합교육을 실시하는 것이다. 2018년도에는 고1부터 통합과학, 통합사회를 도입했다. 단순히 책을 통한 지식 습득이 아니라 다양한 탐구 활동을 통해 스스로 경험하면서 즐겁게 공부할 수 있는 환경을 조성하기 위해 교육과정을 개정했다.

통합과학을 살펴보면 그동안 물리, 화학, 생물, 지구과학으로 나뉘어 배우던 내용이 하나의 교과서로 통합되었다. 1단원을 예로 들어보면 '물질과 규칙성' 단원에는 우주가 탄생하고 진화하는 과정

(물리학), 그 안에서 다양한 원자가 만들어지고, 원자들의 결합(화학)을 통해 지구를 구성하는 물질(지구과학)이 만들어지고 어떻게 변화해가는지, 생명체를 구성하는 물질(생명과학)들은 무엇이 있으며 어떤 특징을 가지는지 배우게 된다. 즉, 한 단원 안에 과학 4과목이 연결된 것이다.

통합사회를 살펴보면 우리가 흔히 알고 있는 사회, 지리, 윤리의 지식이 통합적으로 제시되는 융합형 사회 과목이다. 예를 들어 '사회 변화와 공존' '삶의 이해와 환경' '인간과 공동체'에서 지속가능한 삶, 시장, 인권, 문화, 정의 등의 핵심 개념을 배우고 수업 주제가 '정의와 사회 불평등'이라면 플라톤의 『국가론』, 마이클 샌델의 『정의란 무엇인가?』 등을 활용하여 친구들과 협업 활동을 통해 공부하는 식으로 바뀌고 있다. 교과서에서 다양하게 제시되는 자료와 스스로 활동하기, 읽을거리, 융합적으로 생각하기를 직접 해봄으로써 자신의 생각과 지식을 만들어나가는 융합형 사고 과정이 더욱 중요해졌다.

이뿐만이 아니다. 최근 영재학교와 과학고는 창의융합형 문제를 출제하고 있다. 그 한 문제를 출제하기 위해서는 국어, 역사, 사회, 경제, 과학(물리, 화학, 지구과학, 생물), 수학 선생님들이 머리를 맞대고 있다. 예를 들면 '당신은 고속도로 순찰대원으로 빗길에 탱크로리 화물차가 미끄러져 개울에 떨어졌고 알 수 없는 연기까지 솟고 있다. 이를 해결할 수 있는 방법은?' 그리고 다단계 선발 과정에서도 창의융합 분야의 점수 비중도 높아지고 있다. 기출문제는 각 영재학교와 과학고의 홈페이지에 들어가면 쉽게 찾아볼 수 있다.

세계는 물론 우리나라도 미래 사회에 대응하기 위하여 지난 수십 년간 유지해온 교육과정과 교과서를 바꾸고 있다. 미국에서는 2000년도에 학생들이 싫어하고 어려워하는 과목을 흥미와 호기심을 가지고 공부할 수 있도록 과학, 기술, 공학, 수학 교육을 융합한 STEM(Science, Technology, Engineering, Mathematic) 교육이 등장했으며 아예 'STEM 교육법'까지 제정하였다. STEM 교과서를 만들고 STEM 교육과정을 만들면 예산 혜택까지 줄 정도다.

우리나라도 2012년부터 무한한 창의력과 상상력을 더한 예술(Art)을 추가하여 STEAM 교육을 실시하고 있다. 그리고 2018년도에는 그동안 1960년대부터 실시해왔던 '과학교육법'을 창의융합시대에 맞춰 '과학·수학·정보교육진흥법'으로 개정하여 창의융합형 교육 시대에 맞게 개선하고 있다.

지난 수십 년간 전문 분야로 쪼개지고 분화되었던 세부 전공 분야가 이제는 다시 통합되고 융합하여 새로운 교육과정으로 변화하고 있다. 학생들이 왜 융합적인 관점에서 공부해야 하는지 알게 하고, 보다 의미 있게 공부하고 흥미를 갖게 하기 위해 일상생활에서 일어나는 주제들을 다양한 과목과 연결하여 문제를 해결할 수 있도록 창의력과 융합력을 높이는 교육으로 변화하는 것이다.

그러나 이렇게 교육하려면 아직 해결해야 할 문제가 많이 있는 것 또한 사실이다. 창의적 융합 인재가 미래에는 더욱 중요하며, 그런 창의적 융합교육으로 변해야 한다는 공감대는 이미 교사, 학부모, 교육정책 행정가, 학생 모두에게 잘 형성되어 있다. 그러나 학생들은 지난 수년간 분과형 교육을 받아왔다. 그뿐만 아니라 한 영역을 전공한 교사가 융합형 주제에 대한 다른 영역의 수업을 어떻게 할 것인가, 어떤 방식으로 가르칠 것인가, 기존의 1교실 1인 교사라는 수업 방식을 어떻게 변화시킬 것인가, 하는 문제는 여전히 남아 있다. 이에 '2015 개정 교육과정'은 단계적으로 교과 내용을 융합형으로 바꾸는 데 초점이 맞춰져 있다.

현재 초중고교별, 학년별, 과목별, 주제별로 가장 많은 융합형 교육자료와 현직 선생님들이 올려놓은 우수 프로그램들을 볼 수 있는 교육 사이트는 교육부와 한국과학창의재단이 운영하는 'https://steam.kofac.re.kr'를 참고하면 된다. 관련 자료는 언제든 무료로, 어디서나 활용할 수 있도록 개발되어 있다.

가정에서
창의융합력 키우기

— 사람의 눈은 왜 2개일까?

— 더운 방 안에 놓인 냉장고 문을 열어두면 1시간 뒤 방 안 온도의
변화는?

— 손에 쥐고 있던 모래가 바닥에 떨어져 쌓이기 시작하려면 모래
몇 개부터일까?

— (동물의 뼈를 보여주며) 어느 동물의 어느 부위의 뼈이며, 사인은
무엇이라고 생각하나?

<옥스퍼드대학 최종 면접 문제>

— 빨간 신호등이지만 길을 건너는 사람이 없을 때 차가 지나가면 불법일까?

— 난 항공기 운항이 대기오염에 해로운 영향을 미친다는 의견에 동의한다. 그러나 내가 비행기를 타든 말든 비행기는 뜬다. 그러므로 내가 비행기로 여행하지 않을 도덕적 이유가 없다. 이것은 일리 있는 주장일까?

— 방글라데시, 일본, 남아프리카공화국, 영국의 사망률(인구 1,000명당 사망자 수)을 배열하시오.

— 대기오염 해결 방안을 물리, 화학, 지구과학, 생물 등 모든 분야를 융합하여 제시하시오.

<국제공통 대학입학 자격시험 IB 문제>

— 3분 안에 워싱턴에 있는 주유소 수를 알아내는 방식을 찾아내시오.

<마이크로소프트사 빌 게이츠가 낸 문제>

— 3분 안에 원하는 음악을 가장 빨리 찾는 방식을 찾아내시오.

<애플사 스티브 잡스가 낸 문제>

이게 무슨 엉뚱한 질문일까?

첫 번째 질문은 세계 100대 대학 중에 언제나 상위에 드는 영국

옥스퍼드대학의 최종 면접에서 출제된 실제 문항이다. 그다음은 각각 세계적으로 교육과정과 평가제도에 영향을 주고 있는 국제공통 대학입학 자격시험인 IB의 평가 문항과, 빌 게이츠가 최종 면접에서 실제 했던 질문이다. 맨 마지막에 있는 문항은 애플 창업자 스티브 잡스가 다시 애플로 복귀하고서 애플 최고 개발 전문가에 던진 질문이다. 이는 음악을 윈도우의 폴더에서 파일을 찾는 방식에서 벗어나, 조그셔틀(Jog & shuttle)로 바로 찾는 방식으로 전환한 아이팟(iPod)의 시작을 알린 질문이 되었다.

다음 문제는 최근 우리나라 영재학교, 영재교육원의 창의적 문제 해결, 창의적 설계의 기출문제다.

— 냉장고가 없었던 조선시대에 사시사철 얼음을 보관하여 사용할 수 있었던 석빙고가 어떻게 가능한지 설계하라.
— (알퐁스 도데의 소설 「별」의 지문 일부를 제시하고) 소년이 소녀에게 별의 광년을 알려줄 수 있는 방법을 주위의 자연환경을 이용하여 설명하라.
— 달이 지구에서 매년 1cm씩 멀어지고 있다. 100년 후에 지구의 환경 변화를 기술하고 살 수 있는 집을 설계하라.
— 책을 읽다, 민심을 읽다, 뉴스를 읽다, 행간의 의미를 읽다 등에

세계 일류 제품을 개발하기 위해 수백 명의 박사급 전문가들이 모여 연구하는 삼성전자, LG전자, 현대자동차 등에는 자연과학과 공학뿐만이 아니라 사회과학, 문화예술 등의 다양한 전공을 가진 연구원들이 있다. 이들 연구소에서는 다른 전공 분야의 연구원들이 서로 융합하여 새로운 팀을 구성하고 새로운 제품을 개발하고 있다. 기존 문제점을 해결하기 위해 치열하게 토론하고 시제품을 수백 번 실험하고 검증하면서 실패를 반복한 끝에 세상을 리드하는 창의적인 신제품을 만들고 있다.

그리고 다음카카오와 같은 ICT 기업에서는 인공지능, 빅데이터, IoT 시대에 데이터의 의미를 해석하고 패턴화하고 예측하는 업무에 대부분 SW, 자연과학 공학자가 있었는데 최근에는 언어학, 사회학, 심리학 등 인문학과 사회학 연구원을 대거 채용했다. 선거 예측, 자살 예방 등의 다양한 사회문제를 다양한 전공자들이 창의적으로 융합해야 하는 초융합의 시대가 되었기 때문이다.

생각해보면 조선 말에 도입된 유선전화는 오랜 세월 변함없이 사용할 것만 같았다. 1980년대 후반만 해도 '삐삐'는 신문명이었다. 그러다 등장한 벽돌만 한 크기의 휴대전화와 차량 안테나는 부의 상징이 되었다. 이후 점점 휴대전화에 다양한 기능이 더해지거나 제거되었고, 디스플레이가 작아졌다가 커지기도 하고, 가로가 되었다가 세로로 바뀌기도 하면서 발전했다. 그러다가 전화와 문자만 가능했던 시대도 끝이 났다. 새롭게 등장한 스마트폰은 사람과 사물, 사물과 사물을 연결하고, 전혀 다른 기능들과도 융합하고 있다. 기존의 방송과 신문, PC 중심에서 모바일 중심으로 급격하게 시장이 옮겨가고 있는 것이다. 전자상거래 시장도 기존 PC에서 모바일로 급격하게 그 중심이 이동되고 있다.

이러한 미래를 살아갈 우리 아이에게 꼭 필요한 혁신역량인 '창의력'과 '융합력'을 집에서 잘 키우려면 다음 4가지 조건이 필요하다.

첫째, 부모가 먼저 변화를 인식하고 고정관념을 과감히 탈피할 용기가 필요하다. 그동안 어린 시절 부모님과 함께 생활했던 집, 공부했던 학교, 열심히 살아온 직장에서는 지금의 생각과 기준이 옳았다. '그때는 옳았으나, 앞으로는 옳지 않을 수 있음'을 인정해야 한다. 예측 불가능할 정도로 빠르게 변하고 있는 미래는 또 어떤 새로운 생각과 기준이 필요할지 모르기 때문이다.

1900년에 뉴욕 맨해튼에 자동차가 처음 등장했을 때만 해도 사람들은 마차만으로 충분했고 자동차는 부자의 사치물이라 생각했다. 그러나 지난 120년 동안 자동차는 인류 문명의 필수품이 되었고, 자동차로 인해 도시는 더욱 확장되어갔다. 그러나 2017년 영국의 유력한 경제지 『이코노미스트』는 변하지 않을 것 같은 휘발유, 경유로 움직이는 자동차와 같은 '내연기관의 종말'을 선언했다. 실제로 영국, 프랑스, 네덜란드를 시작으로 세계 각국은 2025년부터 자동차의 생산과 판매를 중단하는 법을 통과시켰다. 앞으로 수소차, 전기차 등 어떤 대체 에너지를 쓰는 차가 나타날지 예측하기 어렵다. 한편, 자율주행차의 등장으로 어쩌면 앞으로 사람이 운전하면 불법인 시대가 올지도 모른다. 또한 우리가 살고 있는 도시의 신호체계, 도로체계, 교통법규 등은 미래에 또 어떻게 바뀔지 아무도 예측할 수 없다.

쓰나미처럼 밀려오는 새로운 변화에 어찌할 바를 모르고 주저앉아 있으면 도태되고 마는 세상이다. 우리네 부모님에게 오랫동안 받아왔던 양육 방식, 학교 다닐 때 공부하고 시험으로 등수를 냈던 교육과 평가 방식, 직장에서 일하는 업무 방식과 직장 문화 등은 어느새 혁신의 대상이 되고 말았다. 이제 우리부터 변화에 적응하고 변해야 한다. '나는 교육을 잘 모르니 학교가 알아서 잘하겠지'라고 생각하여 맡기는 방임은 안 된다. 아프면 병원에 가서 어디가 어떻게 아픈지를 잘 말해야 의사에게 정확한 진단과 치료를 받을 수 있듯 미래 사회와 부의 변화, 직업 세계와 교육 현장의 변화 상황을 부모가 먼저 잘 인식해야 한다. 그리고 아이가 미래가 요구하는 '창의융합형 인재'가 될 수 있도록 아이와 함께 준비해야 한다.

둘째, 창의융합력을 키우기 위해 부모부터 솔선수범해야 한다.

미래교육 혁신을 이야기하면서 고리타분하게 솔선수범이라니…. 다소 엉뚱하게 들릴지도 모른다. 머리로는 변해야 한다는 데 동의하지만 어느덧 과거 부모님이 오랫동안 우리에게 해왔던 양육과 교육 방식을 자신도 모르게 반복하고 있을 수 있다. 심지어 싫어했던 방식이었음에도 말이다.

아이의 창의융합력을 키워주는 가장 안정적이고 따뜻한 환경은 집과 자기를 사랑하고 인정해주는 부모다. 그렇기에 "나도 아빠(혹은 엄마)처럼 되고 싶어"라는 말처럼, 아이에게는 부모가 좋든 싫든 인생의 롤모델이자 교과서다. 집에 오자마자 피곤하다고 TV를 보거나 스마트폰 게임만 하거나, 본인은 읽지도 않으면서 아이에게 책 보라고 강요하거나, 뭘 물어보면 아빠(혹은 엄마)한테 물어보라고 하거나, 심지어 "학교에서 그런 것도 안 배웠니?"라며 질책하거나 "너는 왜 그런 것도 모르니?"라고 비난하면서, 아이에게 창의적으로 생각하라고 강요하는 것은 정말 어불성설이다.

다정하게 대화를 나누고, 집 안에서 편하게 책 읽는 부모의 모습을 본다면 강요하지 않아도 아이는 책을 들고 부모 곁으로 오게 되어 있다. 또한 아이에게 이것저것 가르치려 하거나 독촉해서는 안 된다. 아이 스스로 생각하여 선택할 수 있도록 지켜보고, 그 선택과 결정을 존중하도록 노력해야 한다.

셋째, 아이의 호기심을 인정하고 질문을 잘 받아주는 것이다. 아이가 부모에게 질문하는 데는 3가지 이유가 있다. 첫 번째는 정말 궁금해서, 두 번째는 알고 있는 것을 자랑하고 싶어서, 세 번째는 부모에게 인정받고 사랑받는 애착 관계를 만들고 싶어서다. 그렇기에 부모는 아이의 눈높이에 맞추어 질문의 답을 쉽게 설명해줘야 한다. 혹시 잘 모르더라도 "우리 함께 알아볼까?" 하며 책을 찾아보고 인터넷으로 조사하면서 같이 고민하고 이야기를 나누면 된다. 그리고 아이가 답을 생각하기도 전에 답답하다며 먼저 알려주기보다는 스스로 생각하고 답을 구하도록 단 몇 분이라도 시간을 주는 노력과 인내가 부모에게도 필요하다. 자유롭게 질문할 수 있도록 분위기를 만들어주고 격려해야 아이의 창의융합력을 잘 키울 수 있다.

마지막으로, 아이디어를 더욱 발전시키는 독서와 메모를 아이에게 습관화시킨다. 우리는 이순신 장군의 『난중일기』를 보면서 당시의 상황과 이순신 장군의 충심과 전략을 읽을 수 있다. 이렇듯 '기록'은 매우 중요하다. 반짝이는 좋은 아이디어를 더욱 체계적이고 창의적인 아이디어로 발전시켜나가는 좋은 습관은 기록하고 메모하는 것이다. 그러면서 아이는 자신의 생각으로 정리하고 다시 활용할 수 있는 자산으로 만들어간다. 창의적으로 메모하는 습관 중에 글로 쓰거나 그림(이미지)으로 그리거나 마인드맵처럼 핵심 주제어를 중심으로 다양하게 뻗어나가는 메모 방식도 효과가 좋다.

무엇보다 이 모든 것의 기초는 독서다. 독서를 통해 영감을 받고 아이디어를 낼 수 있다. 그 때문에 한 주제만 편식해서는 안 된다. 다방면의 책을 읽어야 창의적이고 융합적인 아이디어를 낼 수 있게 된다.

우리 아이가 미래 어떤 모습으로 성장할지는 누구도 예측할 수 없다. 그러나 현재 부모가 말과 행동으로 하나씩 함께 만들고 가르치는 오늘의 노력이 미래의 아이로 성장시키는 중요한 원동력이 된다. 미래 사회의 변화, 직업 세계의 변화, 부의 변화, 과학기술과 교육의 변화를 이끌 혁신적인 역량이라고 하는 '창의융합력'은 부모가 아이와 함께 만들어가는 소중한 '보석'이다. 이 보석이 그냥 땅속에 묻혀 원석으로 있을지, 보석이 되어 빛나게 될지는 가정의 분위기와 양육 방식, 교육에 따라 결정된다고 해도 과언이 아니다.

중요한 점은 아이들은 부모가 보여주는 삶의 태도와 방식을 고스란히 배운다는 것이다. 부모의 능력보다 삶의 태도가 더 잘 유전된다는 연구 결과는 부모의 솔선수범이 얼마나 중요한지 잘 보여주는 예다. 또한 영재고나 과학고 출신의 과학자들을 대상으로 조사한 결과를 봐도 그렇다. 지금의 자신을 있게 한 가장 큰 원동력이 무엇이었냐는 질문에 남자들은 학창 시절 집안의 장서량이라고 했고, 여자들은 아버지의 지지와 인정이라고 했다. 이것만 보더라도 부모가 가정에서 어떻게 자식들을 대해야 하는지 알 수 있을 것이다.

자기주도력이 높은 아이로
키우는 3가지 비결

"나는 누구인가?"

"나의 목표는 무엇일까?"

"내 꿈은, 내가 좋아하는 것은 무엇일까?"

"나는 어떤 사람이 되고 싶은가?"

"나는 지금 잘하고 있는 것일까?"

"내 꿈을 달성하기 위해 무엇을 준비해야 할까?"

심리학자들은 질풍노도의 시기, 사춘기, 중2병 등의 원인으로 신체적 성장과 동시에 정신적 성숙의 과정에서 나타난 갈등이라고 설명한다. 밤을 하얗게 지새우면서 '나는 누구인가?'에 대해 고민하고 일기를 써가면서 자아개념이 확립되어야 할 중요한 시기다. 그리고 자신이 소중한 사람이라는 자아존중감을 키워갈 때고, 자신이 무엇이든지 해낼 수 있다고 믿는 자기효능감이 높아질 때다. 이 시기를 놓치거나 다음으로 미루고 포기하게 되면 나중에라도 이러한 고민이 더 심각한 증상(무기력, 우울, 불안, 학습장애, 결정장애 등)으로 나타난다.

어른들은 "공부만 잘하면 모든 게 잘될 것이다" "좋은 대학만 가면 그게 다 효도"라고 했다. 심지어 "부모가 다 해줄 테니, 그저 너는 공부만 잘하면 대학도 취직도 결혼도 미래도 다 성공한다"라고 했다. 그래서 자신의 꿈이나 적성에 상관없이 점수에 맞춰 대학에 들어와 보니 막상 3, 4학년이 되어서도 전공 분야가 꿈과 진로에 맞는지에 대한 혼란과 방황으로 힘들어하는 대학생이 점점 늘고 있는 것도 사실이다. 그리고 어렵게 입사한 회사마저 1, 2년이 채 되기도 전에 쉽게 퇴사해버리는 신입 직원이 많아져서 기업들은 아예 경력직을 선호하게 되었다. 기업도 과거처럼 서류 심사나 적성검사, 각종 성적과 스펙보다 직접적인 실무능력과 창의융합력, 인성을 보는 체험형 면접의 비중을 높이고 있다.

더 심각한 상황은 우리 아이들을 학교 공부 말고는 할 수 있는 게 별로 없도록 만들었다는 것이다. 아이도 독립하여 사회로 진출하기보다는 부모가 해주는 것을 당연하게 받아들이고 안주하면서 '캥거루족'으로 자란 '어른이(어린이+어른)'가 되고 만다는 것이다. 이들의 표현대로라면, 그냥 부모에게 의지하려는 무기력한 상황 또는 경제적으로나 심리적으로 독립된 어른으로 성장하기를 거부하는 '피터팬신드롬'은 매우 걱정스럽고, 이들의 부모에게 책임이 없다고 보기도 힘들다.

실제 어느 초등학교 2학년 교실에서 일어난 일이다. 개학 첫날, 아이들의 약 봉투가 선생님 책상 위에 놓여 있었다고 한다. 부모나 아이들은 당연히 선생님이 약을 챙겨서 먹여준다고 생각한 것이다. 그러나 선생님은 아이들에게 '고기를 잡아주기보다는 낚시하는 법을 가르쳐주는 것이 교육'이라고 생각했다. 비록 시간이 걸리더라도 아이들에게 정확한 시간에 약 먹는 법을 교육했더니, 아이들이 스스로 약 먹는 습관부터 분리수거하는 것까지 잘하더라는 것이다. 여기서 문제는 아이가 약 먹는 것도 못할 거라고 부모가 먼저 생각했다는 점이다. 부모가 자꾸 해주려고만 하니까 당연히 아이가 스스로 해야 하는 일도 해보려는 시도조차 하지 않은 채 어른에게 미루는 습관이 든 것은 아닌지 생각해봐야 한다.

이제 인공지능은 자기학습을 통해 지능을 고도화시키는 머신러닝(Machine Learning)*으로 진화하고 있다. 이제는 지금처럼 학교에서 배우고 익힌 지식과 기능만으로 평생을 먹고사는 시대가 끝나가고 있다. 우리가 배웠던 지식과 기술, 기능이 빠른 시간에 새로운 지식으로 발전하거나 폐기되기도 한다. 이제 학생 때 공부하고 얻은 교원, 공무원, 의사, 변호사 자격증 등으로는 평생을 보장받을 수 없는 시대, 평생 자기 스스로 학습해야 적응할 수 있는 전 생애 주기의 평생학습 시대가 온 것이다.

다음으로 학교에서 선생님의 일방적인 강의로 배웠던 교육 방식이 혁신되고 있다는 것이다. 우리나라 교육도 무크나 미네르바스쿨처럼 디지털플랫폼에서 스스로 자료를 검색하고 선택하여 미리 학습하고, 온라인 세미나 형식의 토론과 인공지능 기반의 서술형 평가로 바뀌어야 한다. 지금은 지식과 정보가 없어서가 아니라 너무 많은 정보가 넘쳐나므로 시간과 장소에 구애받지 않고 필요한 정보를 찾는 자기주도적인 학습의 시대다.

자기주도적 학습이란, 현재 자신의 학습 수준을 잘 평가하고 자신이 가지고 있는 자원을 잘 분석하여, 학습 목표를 설정하고 자율적으로 학습하는 것을 말한다. 자기주도적 학습의 반대는 수동적으

---

*　　　　기계학습이라고도 하는 머신러닝은 인공지능의 한 분야로, 컴퓨터가 데이터를 통해 스스로 학습하여 예측이나 판단을 제공하는 기술을 말한다. 게임뿐만 아니라 빅데이터 분석, 고객별 맞춤형으로 제공하는 인공지능 서비스와 같은 것이 머신러닝이 활용된 예다.

로 그저 타인이 시키는 대로 어쩔 수 없이 따라가는 학습이다.

먼저 아이의 자기주도적 학습 수준을 측정해보자. 다음 20개 문항을 부모가 평소 아이의 생활 습관이나 학습 태도 등을 생각하면서 '예' '아니요'로 체크해본다. 아이가 직접 답해도 좋다.

	질문	예	아니요
1	시험을 준비할 때, 계획부터 세우고 시작한다.		
2	무슨 과목을 잘하고, 무엇이 부족한지를 잘 안다.		
3	놀러 갈 때 친구들이 하는 대로 따라가는 게 편하다.		
4	무엇을 하든지 계획대로 실천하려 한다.		
5	어떤 일을 할 때 언제까지 마쳐야 하는지 미리 생각한다.		
6	책을 살 때, 부모가 골라주는 대로 산다.		
7	친구들이 내 노트를 보고 싶어 한다.		
8	그 주에 배운 내용은 반드시 복습한다.		
9	생활계획표를 세우는 것은 시간 낭비라 생각한다.		
10	본인이 마음먹고 다짐한 것은 꼭 지키려고 노력한다.		
11	공부 중에 모르는 것은 인터넷, 참고서를 찾아서 알고 넘어간다.		
12	놀거나 게임할 때 시간을 정하지 않고 할 때가 많다.		
13	공부하면서 예상 시험문제를 생각하면서 공부한다.		
14	무엇을 할 때 미리 해야 할 순서를 생각한다.		
15	약속을 기록해두지 않아 잊어버릴 때가 많다.		
16	내일 무슨 수업이 있을지 미리 살펴본다.		
17	목표를 세우고 시간을 정해 달성하려고 한다.		

18	과제나 준비물을 미리 준비하지 않아 빠뜨릴 때가 자주 있다.		
19	발표나 말을 할 때, 미리 머릿속에서 생각하고 한다.		
20	알고 싶거나 배우고 싶은 것을 부모에게 먼저 이야기한다.		

점수는 20개 전체 문항 중에서 '예'라고 답한 수를 적는다. 다음에 3, 6, 9, 12, 15, 18은 자기주도력을 해치는 역문항이므로 '예'라고 답한 개수를 총점에서 빼면 아이의 자기주도력 점수가 된다.

	'예'의 개수
(A) 20개 문항 전체	
(B) 6개 문항(3, 6, 9, 12, 15, 18) 중에서	
창의력 점수 = (A) − (B)	

자기주도력 점수의 등급은 우리나라 전체 학생의 점수 평균을 기준으로 하여 산출된 등급이다.

점수	등급
15점 이상	매우 우수
10~14점	우수
7~9점	보통
6점 이하	미흡

평소에 집에서 부모가 아이의 자기주도력을 높일 수 있는 학습 태도와 생활 습관을 길러주려면 다음 3가지를 지도하면 좋다.

첫째, 학습하면서 제공하는 정보와 지원을 점차 감소시키는 스캐폴딩(Scaffolding) 전략이다. 마치 자전거를 배울 때와 같은 과정을 거쳐 자기주도력이 키워지는 것이다. 처음에는 부모가 뒤에서 자전거를 힘 있게 잡아주고 그다음 페달 밟는 법, 핸들 조정하는 법을 가르쳐주며 자전거 타는 요령을 알려주다가, 이윽고 아이가 신나서 자전거를 쭉 타고 나갈 때 아이도 모르게 자전거를 놓아주는 것 같은 과정이다.

공부나 생활을 할 때도 계획을 세운 다음 실천하도록 하는 게 좋다. 아이가 생활계획표, 학습계획표, 시험 대비 시간표, 방학 계획, 탐사 계획 등을 세울 때 아이와 함께 하면서 아이가 실천 가능한 작은 것부터 서서히 계획을 세울 수 있도록 방법을 먼저 가르쳐줘야 한다. 이때 공부 시간을 무조건 길게 잡는다고 좋은 것이 아니다. 교육심리학에서는 40 : 15 : 8이라는 '학습 주의 법칙'이 있다. 즉, 선생님이 40분 수업한다면, 아이는 15분 동안 주의를 집중하게 되고 8분간의 내용만 기억한다. 그래서 초중고교별로 수업 시간이 다르게 되어 있다. 선생님도 40분 동안 아이의 주의 집중 시간을 고려하여 도입부에서 수업의 요약정리까지 잘 진행되도록 교수학습 계획을 세운다.

둘째, 아이가 무엇을 잘 알고 어떤 과목이 재미있으며 어떤 부분이 부족해서 무엇을 더 보완해야 하는지 스스로 알 수 있도록 지도해야 한다. 처음에는 부모가 먼저 물어보고 아이가 답을 생각하도록 이끌면서 아이가 자신에 대해, 그리고 자신이 가지고 있는 자원이 무엇인지 알 수 있도록 가르쳐줘야 한다.

예를 들어 시험에 대비하면서, 본인이 시험 전까지 활용할 수 있는 '시간'이라는 자원, 어디서 공부해야 더 잘된다는 '공간'이라는 자원, 도움받을 수 있는 선생님 또는 친구의 '지원'이라는 자원, 알고 있는 것과 보완해야 할 것에 대한 '앎'에 대한 자원 등에 대해 스스로 살펴볼 수 있어야 한다. 그리고 자신의 시간과 노력을 투입하여 최대의 성적을 낼 수 있도록 자기주도적으로 계획을 세우고 공부하거나, 도움받고 문제를 해결해나가는 '자기주도력'이 생기도록 아이를 지도해야 한다.*

아이 스스로 목표를 정하고 자원을 선택하며 열심히 노력하면서 성취하는 작은 성공의 경험을 맛볼 수 있도록 부모는 기다려주며 지도하는 것이 좋다. 새로운 지식을 알아가는 기쁨, 스스로 계획을 세워 끝까지 실천해서 얻는 기쁨…. 이런 것이 하나씩 모여서 아이의 자기주도력은 스스로 성장한다.

*　　교육심리학에서는 메타인지전략, 상위인지전략이라고 한다.

마지막으로, 세운 계획이 잘되었는지 모니터링하는 습관을 길러 준다. 지난 과정을 살펴보고 앞으로 계획을 세워 실천할 때는 어떻게 하면 좋은지, 생각하고 실천하도록 격려해주는 것이 좋다. 이를 테면 아이가 잘한 행동에 대해 부모가 바로 그 자리에서 칭찬해주면 더 효과적이다. 아이는 칭찬받은 행동을 더 잘하는 방향으로 자신의 행동을 수정하게 되고, 이런 수정과 작은 성공 경험이 모여 자기주 도력이 더욱 강하게 성장하게 된다. 아이의 잘못을 지적할 때는 구체적인 내용으로 조용히 지적하는 게 더 효과적이다. 다른 사람 앞에서 망신 주듯이 큰 소리로 지적하면 아이는 잘못을 고치겠다는 마음보다 수치심으로 감정이 먼저 상하고 만다.

자기주도력은 처음부터 저절로 생기는 것이 아니다. 아이가 자신의 강약점을 인식하고, 가지고 있는 시간과 공간 등의 자원을 활용하도록 하며, 실천 가능한 작은 계획을 세워 하나씩 실천하도록 부모가 지원하고 격려하면 된다. 사람은 하던 일도 멍석 깔아주면 안 한다는 말이 있듯이, 아이들도 강요받는 것을 좋아하지 않는다. 누구나 스스로 선택하고 결정하여 실행한 행동에 대해서 더 많이 책임지려 하고, 성공했을 때 더 많이 기뻐하는 본성이 있기 때문이다.

리더의 성공 조건,
공감협업력 키우기

"에휴, 지금 내 기분이 왜 이렇지?"

"좋은 건지 싫은 건지, 나도 잘 모르겠어."

"그냥 기분이 나빠. 아무것도 하고 싶지 않아."

"내가 이렇게 말한다면, 사람들이 어떻게 생각할까?"

"친구가 왜 그렇게 행동하는지 이해할 수가 없어. 나도 힘들어."

"이번 조 과제에 다 같이 즐겁게 할 수 있는 방법은 없을까?"

"어떻게 하면 조원들에게 잘 이해시키고 동참시킬 수 있을까?"

아리스토텔레스 시절부터 1990년대 이전까지만 해도 여러 감정은 합리적인 판단을 하는 데 방해가 되는 부정적이고 나약한 것으로 인식되었다. 그래서 아주 오랫동안 가정이나 학교에서는 감정을 금기시하여 배제하고 이성적, 합리적, 논리적, 분석적 사고방식과 지식을 가르쳐왔다.

"감정을 드러내지 마라."
"감정의 노예가 되지 마라."
"포커페이스를 유지하라."
"뜨거운 감정보다 차가운 이성으로 판단하라."
"감정에 얽매이지 말고 이성적으로 생각하라."

이러한 표현은 합리적이고 논리적인 생각을 하는 데 감정이 부정적으로 작용한다는 것을 의미한다. 이렇듯 감정은 숨겨야 했고, 가정과 학교 교육에서도 배제되었다. 그러던 중 1990년대를 맞아『타임』지 기자이자 심리학자였던 대니얼 골먼이 자신의 저서『EQ 감성지능』를 통해 감성지능(Emotional Intelligence)을 소개하면서 정서를 다시 생각해보는 계기가 되었다.*

이 책에 따르면 감정은 합리적이고 논리적인 생각을 방해하는 것이 아니라, 오히려 생각을 도와서 시너지 효과를 낼 수 있는 강력한 효과가 있다는 것이다. 일반적으로 감성지수 혹은 정서지수

(Emotional intelligence Quotient, EQ)는 지능지수인 IQ와 서로 반대되는 개념으로 오해하기도 한다. 그러나 정서는 지능과 상호보완적으로 작용하여 시너지 효과를 내는 경우가 더 많다. 여기서 정서지능이란 '자신과 타인, 나아가 사회에 대한 정서를 잘 인식하고 이해하며, 정서를 조절하고 통제하며, 타인과 공감하며 협업할 수 있는 사회적 능력'을 의미한다.

먼저 자기 자신의 감정을 잘 인식하고 이해하고 조절할 수 있는 능력과 태도를 키워줘야 한다.

"나도 나를 잘 모르겠어…."
"내가 지금 왜 기분이 안 좋고 화가 나지?"
"왜 자꾸 짜증이 나고 다 포기하고 싶은 거지?"
"우울하고 불안한 이 감정은 뭐지?"
"그냥 어디로 숨고 싶어."

이런 기분과 감정 상태에서는 어떤 일도, 어떤 공부도 할 수 없는

---

*   물론 그 전에도 감성지능, 정서지능 이론은 예일대학의 피터 샐로베이 교수와 뉴햄프셔대학의 존 메이어 교수가 이론화하였지만, 정작 대중에게 소개되어 널리 알려진 것은 대니얼 골먼의 책이다.

불안과 우울한 상태에 빠져들고 만다. 지금 내 기분, 감정, 느낌에 대해 왜 그런지를 분명히 인식하고 이해하고 조절할 수 있는 능력이 필요하다. 마치 병원에 가서 진찰받으면 어디가 아픈지, 얼마나 아픈지, 얼마나 오래 아파왔는지를 정확히 진찰해야 적절한 처방이 이뤄지는 것과 같은 원리다.

도대체 무슨 일이 일어났지? 그때 무슨 생각이 들었는지? 그래서 어떤 기분이 들었지? 어떤 행동으로 반응했는지? 그리고 그런 주관적인 감정이 들고 난 후 내 생각과 행동이 어떻게 바뀌었는지를 차분히 한발 물러나서 객관적으로 나의 생각과 감정, 행동을 기록해보면서(또는 일기로 쓰면서) 자기 자신을 관찰하여 이해하는 습관을 들이는 것이 중요하다. 내가 주관적으로 했던 생각, 감정과 행동에 대해 객관적으로 나를 성찰하고 개선하려는 노력을 기울이는 것이다.

다음으로 이런 자신의 감정을 이해하고 조절할 수 있다면, 다른 사람에 대한 감정도 이해하고 경청하고, 함께 공감할 수 있는 능력과 태도를 길러줘야 한다. 화나 있거나 불안해하는 친구의 감정을 이해하고, 그 친구 처지에서 살펴주고 경청하며 공감해주는 태도가 중요하다.

"나라도 그렇게 했을 거야."
"네 기분 충분히 이해할 수 있어."

"나도 그럴 때, 참 기분이 별로더라."

"나도 너라면 그런 기분이 들 거야."

　감정적인 부분을 서로 공감하는 것이 먼저다. 그리고 화나거나 불안한 당시의 상황, 말과 행동에 대해서 같이 생각해보고 같이 해결할 수 있는 방법을 찾아야 한다. 화가 나 있는 데다 불안한 감정으로 폭발 직전인데, 말로 아무리 합리적으로 설명하고 이해시키려 해도 상대방에게는 들리지 않는 것이다. 감정을 먼저 다독이고, 격려하며 경청하고 공감할 수 있는 사회적 스킬이 필요하다.

　상담심리학에서도 상담을 할 때 중요한 것이 상담자와 내담자 간에 상호 신뢰하고 공감하는 '라포르(Rapport)' 형성이 제일 먼저라고 한다. 심리적 고통을 겪고 있는 내담자가 상담자를 찾아왔을 때, 상담자 관점이 아닌 거울을 비추듯이 내담자 관점에서 충분히 경청하고, 감정을 어루만져 다독이고 공감하면서 이해하는 게 상담의 시작이라고 할 정도로 공감하는 역량이 매우 중요하다.

　이런 관점에서 걱정되는 것은 우리나라 아이들이 어려워하는 부분이 바로 '친구와 협력하는 것'이다. 아주 오랫동안 우리 사회는 한정된 좁은 문을 향해 오로지 학교에서 1등, 명문 대학 합격, 각종 고시 합격, 대기업 취직 등만 인정하는 분위기였다. 치열한 상대평가 속에 상위 몇 퍼센트만 성공한 것으로 보는 사회 분위기 탓에 경쟁과 갈등은 치열해질 수밖에 없었다. 시험이란 우수한 사람을 뽑는 목적보다, 경쟁에서 많은 수를 탈락시켜야 하는 목적이 더 크게 작용한다고 생각했기 때문에 모두가 나의 경쟁자로 인식하는 것이다.

오죽하면 국제학업성취도평가 결과에서도 우리나라 학생들의 성적은 높게 나오지만, '왜 학교에 가야 하는지?' '공부를 왜 해야 하는지?' '선생님과 친구를 만나는 게 행복한지?'를 묻는 행복도와 만족도는 최하위로 나온다. 친구의 성공을 기원하거나 친구와 협력하는 점수가 최하위라는 것은 앞으로 이들이 성장하여 사회의 주인공이 되었을 때의 미래가 불 보듯 뻔하다는 뜻이다.

입학할 때는 똑똑하고 성적도 우수한 우리나라 유학생들이 학교 중퇴율이 높고 주류 사회에 잘 어울리지 못하는 데는 이유가 있다. 입학 초기에는 혼자 똑똑하고 선행학습으로 축적된 지식은 많지만 창의적으로 융합하여 논문 쓰는 데는 서툴고, 팀 프로젝트와 공동 연구를 할 때 필요한 것이 서로 협동하여 공감하고 소통하는 능력인데 우리나라 교육과 시험제도에서는 이러한 공감협업력을 제대로 경험하거나 교육받지 못했기 때문이다.

이미 글로벌 기업은 과거 높은 분이 지시하면 수첩에 받아 적는 수직적이고 일방적인 지시 중심의 경직된 조직에서 탈피했다. 이제는 수직적인 직급 호칭도 없애려 하고 수평적이고 언제 어디서든 수시로 구성하고 해체가 가능한 팀 프로젝트 중심의 유연한 팀제로 운영하면서 문제해결을 위해 다양한 전공자들이 모인 융합형 프로젝트를 진행하고 있다. 이런 팀의 리더일수록 과거처럼 직급과 지시만으로는 전체 팀원이 함께 공동 목표를 설정하고 상호 이해와 공감대를 형성할 수 없다. 팀원 전체가 협업할 수 있도록 만드는 공감소통력이 더욱 중요한 것이다. 그렇기에 과거에 대학과 스펙만으로 신입직원을 채용했던 대기업들이 이제는 시간과 비용을 들여서라도 창의융합력과 공감협업력을 평가할 수 있는 캠프형 면접을 필수로 하려는 것이다.

미래의 리더가 될 우리 아이에게 공감협업력은 필수다. 자기의 감정, 느낌, 기분, 정서적인 상태에 대해 자기를 잘 인식하고 이해하며 조절할 수 있는 능력이 우선적으로 중요하다. 그런데 이것 또한 저절로 되는 것이 아니라, 집에서 부모님과 아이가 함께하는 교육 훈련을 통해 길러지는 것이다.

"그때 왜 이런 기분이 들었을까?"
"그 기분이 들었을 때, 무슨 생각을 했니?"
"그런 기분일 때, 어떻게 행동하고 싶었니?"
"그렇게 하는 거 말고, 어떻게 했으면 더 좋았을까?"

아이와 대화하면서 아이가 자신의 기분을 잘 성찰하고 더 좋은 감정 조절이나 행동하는 것에 대해 아이가 스스로 생각하여 답할 수 있도록 하고, 같은 상황이 반복되었을 때, 더 나은 생각과 행동을 할 수 있도록 격려하는 것이 좋다. 또 좋은 방법 중 하나는 어떤 기분이 들었을 때 어떤 생각과 행동을 하였기에 그런 기분이 들었을까 하고 마치 일기를 쓰듯이 기록을 하다 보면, 주관적인 감정과 생각, 행동을 했던 것을 객관적인 내가 나를 성찰하면서 공감협업력을 키우는 데 도움이 된다. 미국 오바마 정부 시절에 통신위원회 부국장에 올랐던 권율은 "변호사 일을 하면서 남을 설득하는 데 어려움이 없었고, 컨설턴트를 경험했기에 계획을 세워 움직이는 데 익숙했고, 주류에 속하지 않은 아시아계여서 소외된 사람의 심리를 공감하고 연합할 수 있었다"라고 인터뷰한 내용은 우리 아이들 교육에 많은 점을 시사하고 있다.

부모와 아이가 함께 성공하는 미래교육 전략

© 이정규, 2020

초판 1쇄 인쇄일 2020년 12월 10일
초판 1쇄 발행일 2020년 12월 21일

지은이   이정규
펴낸이   정은영
편집   최성휘 정사라
마케팅   이재욱 최금순 오세미 김하은 김경록 천옥현
제작   홍동근

펴낸곳   (주)자음과모음
출판등록   2001년 11월 28일 제2001-000259호
주소   04047 서울 마포구 양화로6길 49
전화   편집부 02) 324-2347 경영지원부 02) 325-6047
팩스   편집부 02) 324-2348 경영지원부 02) 2648-1311
E-mail   jamoteen@jamobook.com

ISBN   978-89-544-4548-1(03590)